CHEMINS DE FER

DU SUD DE L'AUTRICHE

DE LA LOMBARDIE

ET DE L'ITALIE CENTRALE

ACTE DE CONCESSION (1858)

CONVENTIONS, CAHIER DES CHARGES

STATUTS, ETC.

PARIS

IMPRIMERIE CENTRALE DES CHEMINS DE FER

DE NAPOLÉON CHAIX ET Ce,

Rue Bergère, 20, près du boulevard Montmartre.

1862

CHEMINS DE FER

DU SUD DE L'AUTRICHE

DE LA LOMBARDIE

ET DE L'ITALIE CENTRALE.

ACTE DE CONCESSION (1858)

CONVENTIONS, CAHIER DES CHARGES

STATUTS, ETC.

PARIS
IMPRIMERIE CENTRALE DES CHEMINS DE FER
DE NAPOLÉON CHAIX ET Cᵉ,
Rue Bergère, 20, près du boulevard Montmartre.
1862.

ACTE DE CONCESSION

du 23 Septembre 1858.

ARTICLE PREMIER.

L'État cède et concède aux Concessionnaires:

1° Le chemin de fer Impérial et Royal du sud de l'État, comprenant la ligne de Vienne à Trieste avec ses embranchements de Mödling à Laxenburg et de Wiener-Neustadt à Œdenburg;

2° Le chemin de fer de Marburg à Klagenfurt, avec prolongement jusqu'à Villach;

3° Le chemin de fer de Steinbruck à Sissek par Agram, avec un embranchement sur Karlstadt;

4° Le chemin de fer du Tyrol, de Vérone à Kufstein par Botzen, Brixen et Innsbruck.

ART. 2.

Les Concessionnaires sont autorisés à annexer aux lignes cédées et concédées par l'article précédent celles qui ont été cédées et concédées à la Compagnie Impériale Royale privilégiée des chemins de fer Lombard-Vénitiens et à la Compagnie

Impériale Royale privilégiée du chemin de fer d'Orient de l'Empereur François-Joseph, et à constituer, avec l'assentiment de ces Compagnies respectives, une Compagnie unique pour l'ensemble du réseau.

Dans le cas où cette annexion aurait lieu, la ligne de Padoue à Rovigo serait ajoutée au réseau Lombard-Vénitien, qui reste tel qu'il est aujourd'hui, et le réseau du chemin de fer d'Orient de l'Empereur François-Joseph serait restreint aux lignes de Marburg (soit Pragherof) à Ofen par Kanizsa et Stuhlweissenburg, de Stuhlweissenburg à Uj-Szöny et d'Œdenburg à Kanizsa.

Dans le cas où il serait construit un embranchement des chemins de fer du Banat, dirigé vers un point de la rive gauche du Danube entre Eszek et Vukovar, les Concessionnaires seront tenus, après l'achèvement de la ligne d'Œdenburg à Kanizsa, de construire le chemin de fer de Kanizsa par Eszek au susdit point et de prendre à leur charge la moitié de la dépense du pont sur le Danube.

Si, après l'achèvement de la ligne Kanizsa-Eszek, les lignes du groupe des chemins de fer de l'Orient et de la Croatie produisent, pendant deux ans consécutifs, au moins 7 0/0 du capital engagé dans l'établissement de ces lignes, les Concessionnaires seront tenus, en tant que le Gouvernement l'exigera, d'exécuter un chemin de fer de jonction entre les lignes Agram-Sissek et Kanizsa-Eszek.

L'année 1865 écoulée, les Concessionnaires seront tenus de construire un embranchement de Saint-Peter à Fiume et la ligne de Villach à Brixen, dans le cas où le Gouvernement l'exigera, et prendre à la charge un tiers des frais de construction de l'infrastructure et de la superstructure de ces deux lignes, y compris l'achat des terrains.

ART. 3.

La durée de la concession de toutes les lignes cédées, concédées ou annexées, en vertu des art. 1 et 2, est fixée à quatre-vingt-dix ans, à partir du 1er janvier 1865.

ART. 4.

Les chemins de fer mentionnés dans l'art. 1er, aussi bien ceux actuellement en exploitation que les lignes en construction, sont cédés par l'État aux Concessionnaires avec toutes leurs dépendances mobilières et immobilières, y compris le matériel d'exploitation appartenant à l'État, en service, en réparation, en construction ou en dépôt; les approvisionnements et matériaux de toute espèce, vieux ou neufs, destinés soit à l'exploitation, soit à la construction; les lignes télégraphiques servant à l'exploitation, etc., et spécialement tous les terrains acquis à un titre quelconque pour lesdits chemins de fer, qu'ils aient été ou non utilisés jusqu'à cette époque pour la construction et l'exploitation.

Sont en outre comprises dans les cessions faites, les tourbières de l'État près de Laybach, avec les bâtiments, machi-
approvisionnements qui en dépendent.

ART. 5.

Les Concessionnaires seront substitués, sans avoir à faire aucun paiement spécial de ce chef, à tous les droits et à toutes les charges résultant pour l'État de la convention conclue en date du 5 octobre 1857 avec la Société de l'aqueduc de Trieste (*Societa d'acquedotto Auresina*).

ART. 6.

En cédant les lignes de chemins de fer mentionnées dans l'art. 1er, le Gouvernement transmet aux Concessionnaires non-seulement le droit à l'usage et à l'exploitation de ces lignes, mais encore tous ses droits envers les tiers, en tant que ces droits concernent l'exploitation et l'usage desdites lignes.

ART. 7.

Par contre, les Concessionnaires prennent à leur compte les charges et obligations de toute nature, concernant lesdites lignes et l'acquittement de tous les paiements à échoir, qu'ils concernent le passé ou l'avenir.

ART. 8.

En tant que, sur les lignes reprises, il y aurait, soit des ouvrages encore en cours d'exécution dont l'exécution serait confiée par contrat à des entrepreneurs, soit des livraisons de fourniture confiées par contrat à des entrepreneurs qui seraient encore à effectuer, les Concessionnaires sont substitués à tous les droits et à toutes les charges incombant au Gouvernement vis-à-vis des entrepreneurs, et en conséquence il sera délivré aux Concessionnaires des copies légalisées des contrats, ou au besoin les originaux mêmes, contre reçu et à charge de restitution ultérieure.

ART. 9.

Tous les actes concernant la construction, l'exploitation et les livraisons qui seront nécessaires ou utiles aux Concessionnaires, leur seront délivrés trois mois après la sanction suprême de la présente Concession sur inventaire et contre reçu, mais à charge de restitution de toutes pièces qui ne seraient pas un élément indispensable des archives des Concessionnaires.

ART. 10.

La remise des chemins de fer et de leurs dépendances commencera dans le délai d'un mois au plus, après l'approbation suprême de la présente Concession, et sera continuée aussi rapidement que possible et sans interruption.

Pour la remise et la reprise il sera dressé un inventaire exact en double expédition, qui sera signé par les Commissaires de remise et ceux de reprise.

ART. 11.

Les Concessionnaires entrent en jouissance des lignes à eux concédées à partir du 1er novembre 1858, avec cette exception que, pour la ligne du Tyrol, qu'on espère pouvoir ouvrir avant le 1er novembre 1858, le produit net sera porté au crédit des Concessionnaires, à partir du jour de l'ouverture.

Par contre, les Concessionnaires seront tenus de tous les paiements afférents aux lignes en question à partir de la même époque.

ART. 12.

Le Gouvernement n'est obligé à remettre les chemins de fer et leurs dépendances que dans l'état où ils se trouveront à l'époque de la remise.

Toutefois, il est entendu qu'à partir du jour de la signature du présent acte de Concession jusqu'à la remise des lignes, aucune vente de matériaux ou de terrains des chemins de fer et aucun traité dont la durée excéderait le 31 décembre 1858, ne pourront être faits qu'avec l'assentiment par écrit des Concessionnaires.

Dans le cas où des ventes auraient été faites pendant ce temps, le produit en appartiendra sans exception aux Concessionnaires.

ART. 13.

A partir du 1er novembre 1858 jusqu'à la reprise complète, c'est-à-dire, au plus tard, jusqu'au 1er janvier 1859, l'État se charge de l'administration, pour le compte des Concessionnaires, des chemins de fer en exploitation mentionnés sous les nos 1 et 2 de l'article 1er, ainsi que des lignes qui seraient mises en exploitation dans la période précitée.

L'État ne répond pendant cette période d'aucun dommage ni perte; toutefois il interviendra par voie administrative pour faire dédommager les Concessionnaires en raison des pertes qui, depuis le moment où l'inventaire aura été dressé jusqu'à celui de la reprise, pourraient se produire par le fait des employés, en tant qu'ils n'auraient pas, à cette époque, quitté le service de l'État.

Art. 14.

Le compte de la gestion faite par les organes de l'État pour les Concessionnaires sera rendu dans le délai de six mois après que cette gestion aura cessé.

Pour faciliter le règlement de ce compte, il est entendu que toutes les recettes réalisées jusqu'à la fin d'octobre de cette année appartiendront à l'État, et que toutes celles réalisées à partir du 1er novembre de cette année appartiendront aux Concessionnaires.

Pendant la gestion de l'État pour le compte des Concessionnaires, il ne pourra pas être fait, sans l'assentiment écrit des Concessionnaires, d'autres dépenses que celles indispensables pour l'exploitation régulière des chemins de fer ou celles qu'il serait impossible d'ajourner par un motif quelconque.

Art. 15.

Le prix de cession des lignes concédées est fixé à 100 Millions de florins, monnaie autrichienne, payable en monnaie sonnante d'argent autrichienne.

ART. 16.

Le paiement des 100 Millions de florins stipulés à l'art. 15 aura lieu comme il suit :

10 Millions un mois après la sanction suprême de la présente Concession.

10	Millions le 1er novembre		1859.
6	—	—	1860.
6	—	—	1861.
6	—	—	1862.
6	—	—	1863.
6	—	—	1864.
10	—	—	1865.
10	—	—	1866.

Les 30 Millions restants seront réalisés par un prélèvement de moitié, à partir de l'exercice 1870, sur l'excédant des produits nets de tous les chemins cédés, concédés ou réunis, en vertu des art. 1er et 2, au-dessus de 7 0/0 du capital d'établissement (art. 28 et 29); la moitié dudit excédant, au-dessus de 7 0/0, sera payée au plus tard dans les trois mois qui suivront l'approbation du bilan annuel par l'Assemblée générale.

ART. 17.

Si les Concessionnaires déclarent, avant le 1er novembre 1866, vouloir payer, à compte des derniers 30 Millions de florins, valeur autrichienne, mentionnés à l'article précédent, 5 Millions, chaque 1er novembre des années 1871 1872, 1873 et 1874, sans égard au produit net des chemins de fer, ils seront affranchis du paiement des 10 Millions de florins encore restants.

ART. 18.

Le paiement des 100 Millions de florins valeur autrichienne, stipulé à l'art. 15, aura lieu sans intérêts, pourvu qu'il soit effectué exactement aux échéances déterminées aux art. 16 et 17. En cas de retard, les Concessionnaires auront à bonifier l'intérêt à 6 0/0, à dater du jour de l'échéance.

ART. 19.

Les recettes des chemins de fer exploités pour le compte des Concessionnaires (art. 13) ne leur seront délivrées qu'après paiement complet du premier versement de 10 Millions de florins et des intérêts pour retard s'il y a lieu.

ART. 20.

Les Concessionnaires s'engagent à allouer des indemnités, indiquées ci-après, aux employés et agents de l'État chargés de l'exploitation et de l'entretien des chemins de fer en question, si les Concessionnaires se décident à ne pas les garder et à leur dénoncer le service dans les six mois qui suivront la reprise des lignes, et si ces employés et agents ont servi l'État au moins pendant un an, savoir :

1° A tous ceux qui auront servi l'État d'une manière continue pendant moins de dix ans ou plus de vingt ans, le traitement dont ils jouissaient sous l'Administration de l'État, jusqu'au jour de la dénonciation, et six mois de ce traitement, à partir de ce jour ;

2° A tous ceux qui auront plus de dix ans et moins de vingt ans de service continu, le traitement dont ils jouissaient sous l'Administration de l'État, et en cas de dénonciation, six mois de ce même traitement et ensuite la pension normale, si ces employés ou agents ne sont pas appelés à un autre poste de l'État.

ART. 21.

Les employés et agents, non congédiés dans les six mois après la reprise des lignes, ont droit, dans le service des Concessionnaires, à un traitement égal à leur traitement actuel, et, dans le cas où ils viendraient à être congédiés ultérieurement, les Concessionnaires sont tenus de leur accorder la pension à laquelle ils avaient droit au moment de leur entrée au service de la Compagnie.

Toutefois, dans le cas où la pension, résultant en leur faveur du règlement sur les retraites à établir par la Société, leur serait plus favorable, ils auront droit à cette dernière pension, en tant que ces employés et agents n'auront pas mérité d'être renvoyés par une malversation ou une violation grave de leurs devoirs de service.

Les Concessionnaires, dans l'application des principes posés dans le présent article et dans l'article précédent, traiteront les employés et agents provisoires comme les définitifs, et leur compteront, par conséquent, à titre définitif, le temps de service provisoire.

Les employés, élèves et aspirants qui, le jour de la reprise, n'auront pas au moins un an de service de l'État et qui seraient congédiés par les Concessionnaires, n'auront droit qu'à trois mois du traitement.

Dans le cas où des employés non repris par les Concessionnaires (et comptant moins de dix et plus de vingt ans de service de l'État) deviendraient incapables de services ultérieurs, pendant le délai de dénonciation, ils ne pourront exiger aucune pension des Concessionnaires; la pension sera à la charge de l'État, de même que les pensions et provisions des veuves et orphelins des employés et agents qui ne sont pas entrés au service des Concessionnaires.

Art. 22.

Les Concessionnaires s'engagent à livrer à l'exploitation, aux termes fixés dans l'annexe A, les chemins de fer qui leur sont cédés et concédés et ceux qui leur seront abandonnés en cas d'annexion.

ART. 23.

Les Concessionnaires auront (sous réserve des droits déjà acquis par d'autres Compagnies de chemins de fer) la préférence pour les lignes qu'on voudrait concéder dans le territoire autrichien de la rive droite du Danube, comme embranchement ou continuation des lignes cédées ou concédées aux Concessionnaires ou annexées, en tant qu'ils accepteront les conditions proposées par des tiers pour l'établissement et l'exploitation; les Concessionnaires devront réclamer dans la forme légale, au plus tard dans un délai de quatre mois après notification des conditions, leur acceptation.

ART. 24.

Dans le cas où le Gouvernement jugerait à propos d'établir un chemin de fer dans les limites indiquées dans l'article précédent, il en offrira la concession pour la construction et l'exploitation aux Concessionnaires, et il ne procédera à la construction à ses frais ou à la concession à des tiers qu'autant que les Concessionnaires n'auraient pas accepté légalement, dans le délai de quatre mois, l'offre à eux faite et les conditions y relatives.

Du reste, les Concessionnaires pourront, avec l'approbation du Gouvernement, réunir à leur entreprise d'autres chemins de fer, soit en partie, soit en totalité.

ART. 25.

La préférence accordée dans les art. 23 et 24 aura la durée fixée dans l'art. 3 pour la concession.

Il est en outre stipulé qu'aucune nouvelle ligne, ayant pour objet de relier deux points du réseau cédé, concédé ou rétrocédé aux Concessionnaires, ne pourra, pendant la durée de la présente concession, être concédée ou établie qu'autant que la ligne projetée toucherait de nouveaux points situés en dehors du réseau en question et qui seraient considérés par le Gouvernement comme ayant une grande importance stratégique, politique et commerciale.

Art. 26.

Tous les chemins de fer cédés ou concédés aux Concessionnaires ou repris par eux, qu'ils soient en exploitation, en cours d'exécution ou à construire, seront possédés par les Concessionnaires avec tous les droits et charges stipulés dans la Loi pour les Concessions de chemins de fer du 14 septembre 1854 (*Bulletin des lois*, n° 238) et dans la Loi relative à l'exploitation des chemins de fer du 16 novembre 1851 (*Bulletin des lois*, n° 1 de 1852), à moins de stipulations contraires du présent acte de Concession, et sauf les modifications qui pourraient être apportées aux lois existantes.

Les Concessionnaires seront tenus en particulier de s'adresser au Gouvernement pour avoir des informations sur la confiance qu'on peut accorder à tous les employés et agents qu'ils voudront engager, et de tenir compte des informations ainsi obtenues.

Art. 27.

Les chemins de fer cédés et concédés aux Concessionnaires ou annexés à leurs lignes forment un ensemble indivisible ; il n'en pourra donc être cédé aucune partie, même sous forme de bail.

Art. 28.

Le Gouvernement garantit aux Concessionnaires, pendant toute la durée de la Concession (art. 3), et pour toutes les lignes cédées, concédées ou annexées en vertu de la présente

Concession, un produit net, déduction faite de tous les frais d'exploitation et d'administration, de 5 0/0 d'intérêts et de 1/5 0/0 d'amortissement.

Cette garantie comprend tout le capital nécessaire:

(*a*) Pour le paiement de la somme d'achat stipulée aux articles 15 et 16, qui, relativement à la garantie de l'État, sera entièrement portée au compte du chemin de fer du Sud de l'État ;

(*b*) Pour la construction de toutes les lignes mentionnées aux articles 1er et 2 du présent acte de Concession, jusqu'à leur ouverture;

(*c*) Pour l'achèvement des constructions du chemin de fer du Sud pendant une durée de cinq ans, ainsi que pour l'équipement, la mise en exploitation et l'achèvement des constructions des autres chemins de fer, pendant les trois premières années (à partir du jour de la reprise, pour les lignes déjà en exploitation le 1er janvier 1859, et à partir de l'ouverture des lignes complètes, pour celles en cours d'exécution et à construire) ;

(*d*) Pour le paiement des intérêts mentionnés à l'art. 29 du capital employé à la construction.

Cette garantie s'applique séparément à chacun des quatre groupes ci-après, à partir de l'époque de la mise en exploitation complète de chacun de ces groupes, savoir:

1° Le chemin de fer du Sud de Vienne à Trieste et ses embranchements de Mödling à Laxenburg et de Wiener-Neustadt à Œdenburg avec la ligne de Marburg à Villach (tant que la ligne de Villach à Brixen ne sera pas construite), et la ligne de Steinbrück à Sissek et Karlstadt (tant qu'elle ne sera pas jointe à celle de Kanizsa à Eszek); enfin, l'embranchement de Saint-Peter à Fiume, si on le construit ;

2° Éventuellement, le réseau Lombard-Vénitien avec la ligne Padoue-Rovigo;

3° Le chemin de fer du Tyrol avec la ligne de Villach à Brixen et celle de Marburg à Villach, à partir de l'achèvement de la ligne Villach-Brixen.

4° Éventuellement, le réseau du François-Joseph et la ligne de la Croatie, après la jonction de ces deux groupes.

En conséquence, il sera tenu un compte à part, pour chaque groupe, des dépenses d'exécution et d'exploitation, y compris les frais généraux d'administration (à répartir en proportion des longueurs des lignes de chaque groupe) et des produits; dans le cas où les produits nets, pendant un exercice entier (du 1er janvier au 31 décembre), ne représenteraient pas 5 2/10 0/0 du capital employé pour l'établissement et la mise en exploitation du groupe relatif, la différence sera couverte par l'État.

Art. 29.

Les intérêts à 5 0/0 du capital de construction de chaque groupe (art. 28), jusqu'à sa mise en exploitation complète, seront compris dans le capital de construction et d'exploitation, et les frais généraux d'administration seront répartis entre les diverses lignes en exécution et en exploitation, en raison de leur longueur respective.

Toutefois, pour chaque section mise en exploitation, les intérêts à 5 0/0 du capital de construction correspondant seront à couvrir autant que possible avec le produit de cette exploitation.

Art. 30.

Pour pouvoir recourir à la garantie de l'État, définie aux articles 28 et 29, pour un ou plusieurs des groupes susmentionnés, on devra présenter à l'examen du Gouvernement les comptes d'établissement de ces groupes, ainsi que les comptes des recettes et des dépenses de l'exploitation de l'année pour laquelle on voudra revendiquer ladite garantie ; ces comptes d'établissement et d'exploitation devront être remis au Gouvernement trois mois avant l'échéance à laquelle l'État serait obligé de payer la différence du produit stipulé.

Dans le cas où ces comptes seraient présentés moins de trois mois à l'avance, l'État aura le droit de proroger d'autant le terme du paiement.

Art. 31.

Le montant des sommes que le Gouvernement aura à payer, s'il y a lieu, aux Concessionnaires, en vertu de la garantie susmentionnée (art. 28, 29 et 30), formera une avance à 4 0/0 d'intérêts ; aussitôt que le produit net annuel du groupe pour lequel l'avance aura été faite dépassera 5 1/5 0/0, les excédants par année seront appliqués, avant tout autre emploi, au remboursement de cette avance.

Art. 32.

Le Gouvernement a le droit de faire prendre connaissance par un délégué *ad hoc* de toute la gestion, afin de s'assurer que l'administration et la comptabilité ne sont pas exercées de manière à pouvoir faire revendiquer sans motifs légitimes la garantie stipulée à l'art. 28.

Art. 33.

Les Concessionnaires auront droit, pour les quantités fixées par l'annexe B, à la réduction de moitié sur les droits de douane pour les objets nécessaires soit à la construction et à l'exploitation, soit au complément des chemins de fer à eux cédés et concédés.

Art. 34.

Les Concessionnaires auront droit de faire passer leurs trains sur le chemin de fer de ceinture de Vienne à des prix et conditions qui ne pourront être plus onéreux que ceux consentis en faveur de toute autre Compagnie de chemin de fer.

Art. 35.

Les Concessionnaires seront affranchis, jusqu'au 31 décembre 1868, de l'impôt sur le revenu.

Art. 36.

Les acquisitions de terrains ou bâtiments faites soit à l'amiable, soit par expropriation forcée, pour la construction ou l'exploitation des chemins de fer, seront affranchies des droits de mutation imposés par la loi du 9 février 1850 (*Bulletin des lois*, n° 50).

Art. 37.

La correspondance ayant trait à l'administration des chemins de fer pourra être, sans obstacle, transportée sur les lignes respectives par le personnel de cette administration.

Art. 38.

Il est permis aux concessionnaires de créer ou d'acquérir des fabriques et des ateliers, d'exploiter des mines de houille et de lignite, des tourbières et forêts, mais toujours en observant les lois y relatives présentes ou futures, et sous la réserve que les faveurs énoncées aux articles 28, 29, 33, 35 et 36, ne seront pas applicables à ces divers objets.

Il est du reste bien entendu que cette restriction, qui concerne toutes les entreprises indépendantes, ne s'applique pas aux ateliers du chemin de fer ni aux établissements de construction de locomotives et wagons pour le service de l'exploitation.

Art. 39.

Les concessionnaires sont autorisés à fonder une Société anonyme dont le siége et l'administration centrale seront à Vienne, et à émettre, à cet effet, des actions au porteur et nominatives de la valeur d'au moins 200 florins l'une, valeur autrichienne.

Avant de commencer à émettre les actions, il faudra obtenir l'approbation des statuts de la Société.

La Société, ainsi constituée, sera substituée aux Concessionnaires en tout ce qui concerne les droits et obligations résultant de la présente Concession.

Art. 40.

Pour se procurer les fonds nécessaires, la Compagnie pourra émettre, outre les actions, des obligations dont le nombre et le taux seront soumis à l'approbation du Gouvernement.

Ces obligations pourront être au porteur, mais leur valeur ne pourra être inférieure à 100 florins, valeur autrichienne.

Les intérêts de ces obligations seront payés par privilége sur le produit des chemins de fer garanti par l'État en vertu de l'art. 28.

Art. 41.

Le maximum des tarifs pour les Voyageurs et les Marchandises que les Concessionnaires sont autorisés à percevoir est soumis aux limites suivantes :

Tarif maximum par mille d'Autriche, en monnaie d'or ou d'argent, à percevoir selon le cours du moment en monnaie du pays.

I. Voyageurs.

	Val. Autr.
Dans la 1re classe......	fl. 0.36 kr.
» 2e »	fl. 0.27 »
» 3e »	fl. 0.18 »

Dans les trains express qui ne se composent que de wagons de 1re classe ou de wagons de 1re et de 2e classe, et qui parcourent au moins 5 milles d'Autriche par heure (temps d'arrêt compris), les tarifs pourront être augmentés de 20 0/0.

II. Marchandises à petite vitesse.

Par quintal de douane (50 kilogrammes) et par mille d'Autriche (7,586 mètres) :

1re classe...........	kr. 1.7
2e classe...........	kr. 2.6
3e classe...........	kr. 3.5

Les détails du tarif sont contenus dans l'annexe C, qui constitue une partie intégrante du présent acte.

Les tarifs ainsi fixés établissent les limites que les Concessionnaires ne pourront, dans aucun cas, dépasser sans autorisation expresse du Gouvernement. Mais ils pourront les réduire, pour l'ensemble, ou seulement pour quelques-uns des objets de transport; pour l'étendue de toutes les lignes, ou seulement pour des sections, de telle sorte, par exemple, que les prix, par unité de parcours, puissent décroître quand la distance augmente, et que ces prix puissent être mis en rapport avec la nature des marchandises et les facilités que l'exploitation présente pour leur trans ort

Les tarifs, une fois abaissés, pourront être relevés dans la limite du maximum, mais seulement après avoir été appliqués pendant trois mois et sans porter atteinte aux faveurs stipulées dans l'annexe C.

Dans le cas où les Concessionnaires accorderaient à un expéditeur ou à un entrepreneur de transports, sous certaines conditions, une réduction des prix du tarif, ils seront tenus de l'accorder à tous les expéditeurs et entrepreneurs de transport qui accepteraient les mêmes conditions, de telle sorte que, dans aucun cas, il ne soit accordé de priviléges individuels.

Art. 42.

En cas de cherté extraordinaire des subsistances, le Gouvernement aura le droit de réduire, pour leur transport, de moitié le prix maximum établi à l'art. 41, sub. 2, pour les transports des marchandises.

Art. 43.

Les transports militaires doivent être effectués par les Concessionnaires à des prix réduits, savoir : pour les militaires isolés ou en corps, le tiers; pour les chevaux, bagages, effets militaires et matériel de guerre, la moitié des prix du tarif ordinaire.

Dans le cas où des objets appartenant au matériel de guerre ne seraient pas expressément dénommés, ils seront portés dans la 2e classe des marchandises à petite vitesse.

Art. 44.

Les employés et agents de l'État voyageant sur ordre de l'autorité chargée de la surveillance de l'administration et de l'exploitation des chemins de fer, et ceux chargés de surveiller les intérêts de l'État par rapport au présent acte de concession, seront transportés, ainsi que leurs bagages, en franchise, pourvu qu'ils justifient de leur mission.

ART. 45.

Les Concessionnaires sont tenus d'effectuer gratuitement, dans les trains des voyageurs ordinaires et mixtes, le transport des paquets de poste et du service de l'État et celui des employés de la poste en service; et dans les trains express, les transports de la poste pour les lettres.

Les wagons-poste ambulants seront fournis et entretenus par l'Administration des Postes.

Dans le cas où l'Administration de la Poste renoncerait à l'usage des wagons-poste spéciaux, les Concessionnaires seront obligés de mettre à sa disposition, dans les trains de voyageurs ordinaires ou mixtes, soit la moitié d'un wagon à huit roues, soit un wagon entier à quatre roues.

Chaque fois que le service de la Poste exigera plus que le wagon-poste, ou, dans les cas où le transport se fait dans les voitures de la Compagnie, plus que le demi-wagon à huit roues ou que le wagon entier à quatre roues des Concessionnaires, il leur sera payé une indemnité de fl. 0,50 kr., monnaie autrichienne, par mille d'Autriche et par wagon à quatre roues supplémentaire.

Les Concessionnaires sont tenus d'expédier aux stations respectives les transports de Poste qui ne sont pas accompagnés d'employés ou d'agents de la Poste, ainsi que de conserver et de surveiller les wagons fournis et employés par l'Administration de la Poste.

Dans les stations où se fait l'expédition ou la réception des lettres, les bureaux nécessaires pour le service de la Poste seront mis gratuitement à la disposition du Gouvernement dans les bâtiments du chemin de fer.

Dans le cas où la Poste se réserverait le transport exclusif des petits articles de messagerie privés, elle bonifiera aux Concessionnaires, pour ces transports, deux tiers du prix de tarif établi dans l'annexe C.

ART. 46.

Les Concessionnaires sont autorisés à exiger le triple des prix du tarif normal, d'après les modalités stipulées par le Ministre du Commerce, de toutes personnes qui se servent du chemin de fer sans avoir payé au préalable pour leurs places ou leurs colis, ou qui tâchent de diminuer ou d'éviter le paiement du port par une fausse déclaration de nature et de poids, par le groupement en un seul envoi d'articles appartenant à diverses personnes ou expédiés à différentes personnes, ou d'une autre manière quelconque.

On devra signaler au public, au moyen d'un avis ajouté à la publication du tarif, les suites résultant de la tentative pour éluder ou diminuer les taxes dues.

ART. 47.

Il est entendu que les lignes télégraphiques de l'État, y compris les poteaux établis le long des chemins de fer cédés, restent la propriété de l'État, et l'État est autorisé à établir, sans payer d'indemnité, des conduites télégraphiques le long des chemins de fer, sur les terrains et fonds qui en dépendent, ou de faire usage des poteaux de la conduite télégraphique de la Compagnie.

Par contre, les concessionnaires auront aussi le droit d'établir des télégraphes pour leur propre service et d'attacher leurs fils aux poteaux de la conduite télégraphique de l'État. Ils ne pourront transmettre sur leurs télégraphes que des dépêches ayant trait à l'exploitation commerciale et technique, à l'administration et au service des travaux, et seront pour cela soumis à la surveillance du Gouvernement.

Art. 48.

Les Concessionnaires sont tenus de faire surveiller gratuitement par leurs gardes-voie les lignes télégraphiques de l'État établies ou à établir le long des chemins de fer et les plantations d'arbres faites ou à faire par le Gouvernement ; et les gardes-voie devront signaler toute détérioration survenue soit dans les appareils du télégraphe, soit dans les plantations, les premières à la station télégraphique, les secondes à l'autorité politique la plus voisine.

Art. 49.

Les Concessionnaires ont l'obligation d'entretenir en parfait état, pendant toute la durée de la concession indiquée à l'art. 3, les lignes qui en font partie et d'y maintenir un matériel suffisant pour les besoins du trafic.

Par contre, les Concessionnaires ne pourront être tenus d'expédier plus de deux trains de voyageurs par jour sur chaque ligne dans les deux sens, en sus, selon les besoins, des trains militaires locaux ou séparés et des convois de marchandises, dont le nombre devra répondre aux exigences du trafic. Pour l'un des deux trains de voyageurs susmentionnés, les heures de départ et de stationnement seront fixées d'accord avec l'Administration des Postes.

Art. 50.

Dans le cas où les Concessionnaires ne rempliraient pas les obligations qui leur sont imposées par le présent acte de concession, l'État a le droit de prendre les mesures nécessaires, dans le sens de la Loi sur les Concessions de chemins de fer du 14 septembre 1854, et en cas de nécessité, d'y porter remède aux frais des Concessionnaires.

ART. 51.

A l'expiration du terme fixé à l'art. 3, l'État entrera immédiatement et gratuitement en possession et jouissance, exemptes de charges, des chemins de fer cédés à l'art. 1er et de tous ceux construits en vertu du présent acte de concession, y compris les terrains, tous les ouvrages d'art et terrassements, toute l'infra et superstructure, ainsi que toutes les dépendances immobilières, telles que gares, places de chargement et de déchargement, bâtiments de stations, maisons de gardes et de surveillants avec leurs installations, les conduites d'eau, machines fixes, etc.; enfin toutes les dépendances mobilières, comme locomotives, wagons, tenders et autres voitures, outillage, combustible et autres approvisionnements; enfin les dépendances mobilières et immobilières qui auraient été établies à titre d'entretien ou d'amélioration des lignes cédées à l'art. 1er.

Les bâtiments mentionnés au commencement de l'art. 38 ne font pas retour à l'État.

ART. 52.

Si les chemins de fer avec leurs dépendances ne se trouvaient pas en bon état d'entretien, l'État aura le droit de les mettre en bon état aux frais des Concessionnaires ou de contraindre ceux-ci à le faire eux-mêmes.

En cas de désaccord sur l'appréciation de l'état des chemins de fer, il sera procédé comme il est dit aux art. 60 et 62.

ART. 53.

Le Gouvernement aura le droit de prendre possession des

chemins de fer le 1er janvier 1955, et de les administrer pour son compte. Mais les Concessionnaires sont tenus de continuer, pour le compte de l'État, pendant six mois, à partir du 1er janvier 1955, l'exploitation convenable et le bon entretien des chemins de fer, dans le cas où l'État n'en aurait pas déjà pris possession avant l'expiration de ces six mois.

Art. 54.

Les comptes de cette gestion pour l'État devront être produits dans le délai de trois mois.

Si l'État ne réclame pas contre ces comptes dans le délai de trois mois, ils seront tenus pour justes; en cas de réclamations faites par l'État, si la Compagnie n'a pas produit, dans le délai de six semaines, les justifications demandées, les réclamations correspondantes seront tenues pour fondées. Par contre, si dans le délai de six semaines, l'État ne réclame pas contre les justifications données, elles seront considérées comme parfaitement suffisantes.

Art. 55.

A partir de l'expiration de l'année 1895, le Gouvernement aura le droit de racheter, à toute époque, les chemins de fer cédés et concédés aux Concessionnaires et à leurs successeurs de droit, ainsi que les chemins de fer annexés ou construits par eux, mais l'État sera tenu de payer, jusqu'à la fin de l'année 1954, une rente annuelle exigible par semestre.

Art. 56.

Dans le cas où l'État déclarerait vouloir faire usage du droit de rachat, on relèvera, pour chacun des groupes définis à l'art. 28, les produits nets des sept dernières années qui auront précédé l'année où le rachat doit avoir lieu, on en retranchera les produits nets des deux plus faibles années, et on évaluera ainsi le produit net moyen de cinq années de chaque groupe.

Ce produit net moyen formera, pour chaque groupe, le montant d'une annuité qui, dans aucun cas, ne sera inférieure à l'intérêt de 5 et 1/5 0/0 garanti par l'État sur le capital d'établissement (art. 28).

ART. 57.

Le 1er janvier de l'année qui suivra la notification du rachat par l'État, celui-ci entrera en jouissance des produits de toutes les lignes des chemins de fer.

Les obligations des Concessionnaires, en ce qui concerne le bon état des chemins de fer et de leurs dépendances, l'entretien et l'exploitation temporaire pour l'État et la réparation, s'il y a lieu, des dommages survenus aux chemins de fer et à leurs dépendances seront réglés d'après les stipulations des art. 51 à 54 inclusivement, avec cette différence que ces stipulations n'entreront pas en vigueur le 1er janvier 1955, mais le 1er janvier de l'année désignée dans le présent article.

ART. 58.

En cas de dissolution, avant la fin de l'année 1954, de la Société constituée en vertu de l'art. 39, l'État aura le droit de procéder, sous tous les rapports, dès ce moment, comme il est dit dans les art. 51-54, pour l'époque du 1er janvier 1955.

ART. 59.

Jusqu'à la constitution de la Société, autorisée par l'art. 39, les Concessionnaires seront garantis solidairement de tous les engagements qui leur sont imposés par le présent acte de Concession.

Art. 60.

Dans le cas où des contestations de droit privé s'élèveraient au sujet de l'exécution du présent acte de Concession, relativement aux droits et obligations des Concessionnaires, ces contestations seront définitivement jugées par arbitres.

En cas de recours à l'arbitrage, la partie qui l'aura réclamé notifiera judiciairement à l'autre partie le choix de son arbitre, en l'invitant à désigner et notifier le sien; si cette notification n'a pas lieu dans un délai de quinze jours après la notification de la partie demanderesse, celle-ci est autorisée à choisir le second arbitre, à charge d'en aviser la partie adverse.

Art. 61.

En cas de désaccord entre les deux arbitres, les deux parties en choisissent un troisième, et à défaut d'accord entre les deux parties pour ce choix, les deux premiers arbitres nomment le troisième.

Dans le cas où les deux arbitres ne tomberaient pas d'accord sur le choix du tiers arbitre, il sera choisi par la voie du sort entre ceux proposés par les arbitres; le tirage sera fait par la partie demanderesse.

Art. 62.

Les deux parties sont tenues d'acquiescer à la décision unanime des deux arbitres ou à la sentence du tiers arbitre, pourvu que les conséquences de la sentence du tiers arbitre restent comprises dans les limites résultant des avis des deux autres arbitres.

Art. 63.

Les Concessionnaires, ou la Compagnie qui leur sera substituée, sont affranchis de tous droits de transfert afférents à la reprise ou au rachat des chemins de fer qui font l'objet de la présente Concession.

Ils sont autorisés à émettre des titres provisoires d'actions et d'obligations non timbrés valables jusqu'au versement du dernier terme.

En tout ce qui concerne l'exécution de la présente Concession, les Concessionnaires, ainsi que la Société qui leur sera substituée, relèveront du Ministère I. R. du Commerce.

Enfin de quoi, le présent acte de Concession a été dressé en double, en langue allemande, et un en une expédition en langue française, dont un exemplaire en allemand a été muni d'un timbre de un florin. Il est convenu que le texte allemand sera considéré comme texte original, et servira de base à toutes les décisions à intervenir.

Fait à Vienne, le 23 septembre 1858.

Signé :

LE BARON DE BRUCK,
Ministre I. R. des Finances.

LE CHEVALIER DE TOGGENBURG,
Ministre I. R. du Commerce.

JEAN ADOLPHE, PRINCE DE SCHWARZENBERG.
MAX EGON, PRINCE DE FURSTENBERG.
LÉOPOLD, CHEVALIER DE LAMEL.
S. A. DE ROTHSCHILD.
PAULIN TALABOT.
E. BLOUNT.
S. LAING.
M. UZIELLI.

Annexe A.

TERMES POUR LA CONSTRUCTION.

	TERME de L'ACHÈVEMENT.
Steinbrück — Sissek	1861
Marburg — (Pragerhof) — Kanizsa	1861
Kanizsa — Stuhlweissenburg — Ofen	1862
Agram — Karlstadt	1862
Stuhlweissenburg — Uj Szöny	1863
Marburg — Klagenfurt — Villach	1864
Padoue — Rovigo	1864
Oedenburg — Kanizsa	1865
Botzen — Innsbruck	1868

La gare de Trieste devra être achevée avant la fin de l'année **1860**, d'après les plans approuvés par le Gouvernement.

Pour toutes les lignes ci-dessus indiquées et mentionnées dans le présent acte de Concession, les acquisitions de terrains se feront, quant à la largeur, pour deux voies. Pour les lignes qui n'ont pas déjà deux voies, les constructions pour la deuxième voie et la pose de cette voie ne seront obligatoires qu'autant que la recette brute annuelle de la ligne dépasserait 160,000 florins, monnaie autrichienne, par mille d'Autriche.

Signé :

LE BARON DE BRUCK,
Ministre I. R. des Finances.

LE CHEVALIER DE TOGGENBURG,
Ministre I. R. du Commerce.

JEAN ADOLPHE, PRINCE DE SCHWARZENBERG.
MAX EGON, PRINCE DE FURSTENBERG.
LÉOPOLD, CHEVALIER DE LAMEL.
S. A. DE ROTHSCHILD.
PAULIN TALABOT.
E. BLOUNT.
S. LAING.
M. UZIELLI.

Annexe B.

A.

POUR LES OUVRAGES D'ART.

Moitié des fers, fontes, tôles de fer, feuilles de zinc et de plomb nécessaires pour les ponts et ouvrages d'art exécutés d'après les projets approuvés par le Gouvernement, et à mesure des progrès des travaux.

L'autre moitié sera demandée à l'industrie indigène, en tant qu'elle pourra satisfaire aux besoins.

B.

POUR LA SUPERSTRUCTURE.

	QUANTITÉS	UNITÉS.	
Rails et accessoires	7,000	Tonnes métriq.	Par 10 milles d'Autriche à une voie ou à la pose de la 2e voie.
Changements de voie	50	Appareils	
Plaques tournantes de toutes dimensions et chariots roulants	30	Pièces	
Grues hydrauliques	10	»	
Réservoirs en tôle	4	»	
Machines d'alimentation	2	5 chevaux	
Tuyaux de conduite d'eau	150	Tonnes métriq.	
Grues fixes pour gares, ateliers et dépôts de machines	5	Pièces	

Pour les matériaux nécessaires à l'entretien et au renouvellement des matériaux de superstructure, les concessionnaires ne jouiront d'aucune réduction des droits de douane.

C.

MATÉRIEL ROULANT.

OUTILLAGE D'APPROVISIONNEMENT DES ATELIERS.

	QUANTITÉS	UNITÉS.	
Locomotives	15	Pièces	par 10 milles
Tenders	15	»	
Wagons à voyageurs	20	»	
Roues, essieux, ressorts, fontes, ferrures de toute espèce pour la réparation de	20	Wagons à marchandises	par 1 mille.
Roues et essieux de locomotives et wagons, boîtes à graisser, cylindres et autres pièces de rechange pour wagons à marchandises et à voyageurs	60,000	Florins	par 10 milles
Machines fixes pour le service des ateliers et des gares	10	20 à 30 chevaux	en tout.
Tours, machines, outils nécessaires pour le service des ateliers	La quantité nécessaire.		

Tous les wagons à marchandises désignés ci-dessus seront construits dans le pays. Dans le cas où le pays ne pourrait pas suffire à ces besoins et où il deviendrait nécessaire d'introduire, aux droits réduits accordés, des wagons complets pour une partie, la quantité des accessoires désignée ci-dessus sera réduite proportionnellement au nombre de wagons à marchandises introduits. Dans le cas de fusion avec les chemins de fer Lombard-Vénitiens et d'annexion du chemin de fer d'Orient de l'Empereur François-Joseph, les réductions de droits de douane stipulés ci-dessus ne seront pas applicables à ces deux réseaux, mais ils continueront à jouir des faveurs qui leur ont été accordées.

Signé :

LE BARON DE BRUCK,
Ministre I. R. des Finances,

LE CHEVALIER DE TOGGENBURG,
Ministre I. R. du Commerce.

JEAN ADOLPHE, PRINCE DE SCHWARZENBERG.
MAX EGON, PRINCE DE FURSTENBERG.
LÉOPOLD, CHEVALIER DE LAMEL.
S. A. DE ROTHSCHILD.
PAULIN TALABOT.
E. BLOUNT.
S. LAING.
M. UZIELLI.

TRAITÉ DE ZURICH.

TRAITÉ

CONCLU

ENTRE LA FRANCE, L'AUTRICHE ET LA SARDAIGNE

Le 10 Novembre 1859.

ART. 10.

Le gouvernement de Sa Majesté le roi de Sardaigne reconnaît et confirme les concessions de chemins de fer accordées par le gouvernement autrichien sur le territoire cédé, dans toutes leurs dispositions et pour toute leur durée, et nommément les concessions résultant des contrats passés en date des 14 mars 1856, 8 avril 1857 et 23 septembre 1858.

A partir de l'échange des ratifications du présent traité, le gouvernement sarde est subrogé à tous les droits et à toutes les obligations qui résultaient pour le gouvernement autrichien des concessions précitées en ce qui concerne les lignes de chemins de fer situées sur le territoire cédé.

En conséquence, le droit de dévolution qui appartenait au gouvernement autrichien à l'égard de ces chemins de fer est transféré au gouvernement sarde.

Les paiements qui restent à faire sur la somme due à l'État par les concessionnaires, en vertu du contrat du 14 mars 1856, comme équivalent des dépenses de construction desdits chemins, seront effectués intégralement dans le Trésor autrichien.

Les créances des entrepreneurs de construction et des fournisseurs, de même que les indemnités pour expropriation de terrains, se rapportant à la période où les chemins de fer en question étaient administrés pour le compte de l'État, qui n'auraient pas encore été acquittées, seront payées par le gouvernement autrichien et pour autant qu'ils y sont tenus, en vertu de l'acte de Concession, par les Concessionnaires au nom du gouvernement autrichien.

Une convention spéciale réglera, dans le plus bref délai possible, le service international des chemins de fer entre l'Autriche et la Sardaigne.

Art. 11.

Il est entendu que le recouvrement des créances résultant des paragraphes 12, 13, 14, 15 et 16 du contrat du 14 mars 1856, ne donnera à l'Autriche aucun droit de contrôle et de surveillance sur la construction et l'exploitation des chemins de fer dans le territoire cédé. Le gouvernement sarde s'engage, de son côté, à donner tous les renseignements qui pourraient lui être demandés à cet égard par le gouvernement autrichien.

RÉSEAU ITALIEN.

LOI ET CONVENTION.

LOI

Du 8 Juillet 1860.

ARTICLE UNIQUE.

Est approuvée la convention en date du 25 juin 1860, ainsi que le cahier des charges y annexé, entre les ministres des finances et des travaux publics, et M. Paulin Talabot, représentant de la Société concessionnaire des chemins de fer Lombard-Vénitiens et de l'Italie centrale; cette convention et le cahier des charges règlent les rapports entre la Société et le gouvernement, pour tout ce qui est relatif aux chemins de fer Lombards situés sur le territoire du royaume et à ceux de l'Italie centrale.

CONVENTION

ENTRE LES MINISTRES DES TRAVAUX PUBLICS ET DES FINANCES
DE S. M. LE ROI VICTOR-EMMANUEL II,
ET LA SOCIÉTÉ ANONYME DES CHEMINS DE FER LOMBARD-VÉNITIENS
ET DE L'ITALIE CENTRALE.

ARTICLE PREMIER.

Les concessions de chemins de fer faites sur le territoire des États de S. M. le roi Victor-Emmanuel II à la Compagnie des chemins de fer Lombard-Vénitiens et de l'Italie centrale, telles qu'elles résultent des conventions avec le gouvernement autrichien, en date des 14 mars 1856, 8 avril 1857 et 23 septembre 1858, et de la convention du 17 mars 1856, avec les gouvernements de l'Autriche, de Parme, de Modène, de Toscane et des États romains, sont reconnues et confirmées, sous réserve des modifications spécifiées dans la présente convention et dans le cahier des charges y annexé.

ART. 2.

En conséquence, l'État garantira à la Compagnie pendant toute la durée de la concession :

6

1° Un intérêt annuel de 5 0/0 et l'amortissement calculé sur le pied de 2/10 0/0 sur la totalité des dépenses faites pour l'acquisition ou pour l'établissement des lignes de Lombardie ;

2° Un revenu net annuel de 6,500,000 livres italiennes sur la ligne de l'Italie centrale.

Ces garanties, séparées et indépendantes de celles qui s'appliquent aux lignes que la Compagnie possède sur le territoire autrichien, s'exerceront conformément aux conditions stipulées au cahier des charges ci-annexé.

ART. 3.

La Compagnie sera tenue de régler avec le gouvernement autrichien, dans le délai d'un an, l'application des articles 14 et 15 de la convention du 14 mars 1856, et des articles 16 et 17 de la convention du 23 septembre 1858, de manière à affranchir d'une façon absolue et dans tous les cas le réseau Lombard de la clause qui stipule éventuellement, en faveur du gouvernement autrichien, un partage dans les produits qui s'élèveront au-dessus de 7 0/0.

ART. 4.

Tous les chemins de fer concédés à la Compagnie dans les États de Sa Majesté, soit sur le territoire de la Lombardie, soit sur celui de l'Italie centrale, seront considérés comme possédés et exploités avec tous les droits et sous les obligations qui résultent des lois et règlements en vigueur, et spécialement de celle du 20 novembre 1859 (n° 3754), en tant qu'il n'y est pas dérogé par le présent acte, et sauf les modifications qui pourraient y être portées à l'avenir par des dispositions législatives ou réglementaires.

Il est expressément entendu que la Compagnie ne sera pas soumise au prélèvement prescrit par l'article 244 de la loi précitée.

ART. 5.

L'organisation de la Compagnie sera modifiée ainsi qu'il suit :

Son Conseil d'administration, établi dans les États de S. M., représentera la Compagnie pour tout ce qui concerne les chemins de fer de la Lombardie et de l'Italie centrale. Ce Conseil aura, pour ces chemins de fer, les mêmes attributions et les mêmes pouvoirs qui sont concédés au Conseil séant à Vienne, pour ce qui concerne les chemins de fer situés sur le territoire autrichien.

L'administration des chemins de fer de la Lombardie et de l'Italie centrale déjà concédés ou qui seraient ultérieurement concédés à la Compagnie sera entièrement confiée audit Conseil d'administration.

Cette administration s'exercera indépendamment et séparément de celle des autres lignes appartenant à la même Compagnie.

Le domicile légal de la Compagnie, pour tout ce qui concerne les chemins de fer de la Lombardie et de l'Italie centrale, sera considéré comme étant dans la ville des États royaux où résidera le Conseil d'administration.

Les assemblées générales des actionnaires de la Compagnie seront réunies à Paris.

Les nouveaux statuts de la Compagnie, rédigés d'après les bases ci-dessus, seront soumis à l'approbation du gouvernement.

ART. 6.

La durée de la concession de toutes les lignes constituant le réseau Lombard, demeure fixée au terme de quatre-vingt-dix ans, à dater du 1er janvier 1865.

La concession du chemin de fer de l'Italie centrale expirera le 31 décembre 1948.

Art. 7.

Sont déclarées annulées, sans distinction, toutes les dispositions relatives aux réseaux des chemins de fer Lombards et de l'Italie centrale, contenues dans les conventions, en date des 14 mars 1856, 8 avril 1857, 23 septembre 1858, stipulées avec le gouvernement autrichien, et dans les conventions en date des 1er mai 1851, 17 mars 1856, stipulées avec les gouvernements d'Autriche, de Parme, de Modène, de Toscane et des États Romains, ainsi que le cahier des charges annexé à la susdite convention du 17 mars 1856.

Les rapports de la Compagnie avec le gouvernement, pour tout ce qui concerne la concession, la construction et l'exploitation des réseaux seront à l'avenir réglés par la présente convention et le cahier des charges y annexé.

Art. 8.

La présente convention, signée en double original par les parties contractantes, ne sera définitive et exécutoire qu'autant qu'elle aura été approuvée par une loi.

Elle ne sera soumise à aucun droit.

Turin, le vingt-cinq juin mil huit cent soixante.

Le Ministre des Finances, *Le Ministre des Travaux publics,*

VEGEZZI. S. JACINI.

Le représentant de la Compagnie, en vertu des pouvoirs qu'il tient d'elle, ainsi qu'il résulte du procès-verbal de l'assemblée générale du 30 avril 1860 et du procès-verbal du Conseil d'administration du 19 juillet 1860.

Paulin TALABOT.

CAHIER DES CHARGES.

(RÉSEAU ITALIEN.)

CAHIER DES CHARGES

ANNEXÉ A LA CONVENTION DU 25 JUIN 1860

STIPULÉE ENTRE LES MINISTRES DES TRAVAUX PUBLICS ET DES FINANCES

DE S. M. LE ROI VICTOR-EMMANUEL II

ET LA SOCIÉTÉ ANONYME DES CHEMINS DE FER LOMBARD-VÉNITIENS

ET DE L'ITALIE CENTRALE.

ARTICLE PREMIER.

Les lignes dont la concession est reconnue et approuvée en faveur de la Compagnie des chemins de fer Lombard-Vénitiens et de l'Italie centrale sont les suivantes :

A. Sur le territoire lombard :

1° La ligne de Milan à la frontière vénitienne, entre Peschiera et Desenzano, passant par Treviglio, Bergame, Coccaglio et Brescia, y compris le chemin de ceinture destiné à réunir les diverses lignes qui aboutissent à Milan ;

2° La ligne de Bergame à Lecco ;

3° La ligne de Milan à Camerlata;

4° La ligne de Treviglio à Coccaglio ;

5° La ligne de Milan au Tessin près Buffalora, avec embranchement de Rho à Sesto-Calende ;

6° La ligne de Milan à Plaisance par Lodi, avec embranchement sur Pavie, jusqu'au Gravellone, pour se réunir au chemin de fer de Gênes ;

7° La ligne de Treviglio à Crémone par Crême.

B. Sur le territoire de l'Italie centrale :

1° La ligne de Plaisance à Bologne par Parme, Reggio et Modène ;

2° La ligne de Bologne à Pistoja ;

3° A la ligne de Reggio à Borgoforte le gouvernement substitue la ligne de Bologne à Ponte Lagoscuro, qui est concédée à la Compagnie, et que celle-ci sera tenue de construire, y compris le pont sur le Pô, lorsque le gouvernement en ordonnera la construction.

ART. 2.

La Compagnie ne sera tenue de construire la ligne de Treviglio à Coccaglio que dans le cas où, après le terme fixé par l'article 5 pour l'achèvement des chemins Lombards ci-énumérés, l'expérience aurait démontré que cette ligne directe est nécessaire au commerce ou désirable dans l'intérêt de l'État.

Il appartiendra au gouvernement de décider de l'opportunité de cette construction, et dans le cas où il l'aurait ordonnée, elle devra être terminée dans un délai de deux ans, à dater de la notification de la décision à la Compagnie.

ART. 3.

Le gouvernement se réserve de déterminer le point de départ, sur la ligne de Milan à Plaisance, de l'embranchement de Pavie, ainsi que le point à choisir et les travaux à exécuter pour le passage du Tessin et le raccordement avec la ligne de Gênes.

Art. 4.

Pour les lignes énumérées à l'article 1er, et qui ne sont pas encore achevées, les délais d'exécution demeurent fixés de la manière suivante :

La ligne de Milan à Plaisance, le 1er janvier 1862, jusqu'au point où commenceront les travaux à exécuter pour la traversée du Pô, et le 1er janvier 1863, jusqu'à la station de Plaisance;

Celle de Milan à Pavie jusqu'au Gravellone, le 1er juillet 1862;

Celle de Rho à Sesto-Calende, le 1er janvier 1861, pour la section de Rho à Gallarate, et, le 1er juillet 1862, pour le prolongement jusqu'au lac Majeur;

Celle de Bergame à Lecco, le 1er juillet 1862;

Celle de Treviglio à Crémone, le 1er novembre 1862;

Celle de Bologne à Pistoja, le 1er juillet 1861, pour la section de Bologne à Vergato, et, le 1er janvier 1863, pour celle de Vergato à Pistoja;

Enfin celle de Bologne par Ferrare à Ponte-Lagoscuro, le 1er janvier 1862.

Le pont sur le Pô, de cette dernière ligne, devra être achevé dans le délai de trois ans, à partir de l'époque où la Compagnie aura reçu l'ordre de le construire.

Art. 5.

Avant de commencer les travaux de chaque ligne, la Compagnie devra soumettre au gouvernement un projet comprenant le plan et le profil du chemin, les plans, coupes et élévations des stations, des gares, des constructions principales et des ponts ayant au moins 10 mètres d'ouverture. Pour les ouvrages d'une moindre importance, elle pourra se borner à fournir les types d'après lesquels ils devraient être exécutés.

Ce projet sera accompagné d'un devis détaillé et d'un mémoire descriptif et justificatif.

La Compagnie devra présenter les projets assez à temps pour qu'ils puissent être examinés et approuvés, sans qu'il en résulte aucun retard dans l'exécution des travaux.

Art. 6.

Sur toutes les lignes constituant le réseau de la Lombardie et de l'Italie centrale, les terrassements et les ouvrages d'art devront, si le gouvernement l'exige, être exécutés pour deux voies.

Toutefois, la pose de la seconde voie ne sera obligatoire que sur les sections où le produit brut excéderait 30,000 livres italiennes par kilomètre, à l'exception de la ligne de Plaisance à Bologne, sur laquelle la seconde voie devra être posée quand le produit brut s'élèvera à 24,000 livres italiennes par kilomètre.

Sur les lignes de Rho à Sesto-Calende, de Treviglio à Crémone, et de Bergame à Lecco, les travaux ne seront exécutés que pour une voie, l'obligation d'acheter les terrains pour deux voies étant néanmoins maintenue.

Le passage des Apennins sur la ligne de Bologne à Pistoja s'effectuera avec une seule voie, et les acquisitions de terrains pourront, par conséquent, être limitées à la largeur nécessaire pour la pose de cette voie unique, excepté dans les sections où le gouvernement reconnaîtrait que la régularité et la sécurité du service exigent que l'on pose une seconde voie.

La question de savoir si le pont sur le Pô, près de Ferrare, sera construit à double ou à simple voie est remise à l'époque de l'approbation du projet de ce pont.

Art. 7.

Le pont sur le Pô, près de Plaisance, sera construit en maçonnerie, en fer, ou en fonte, suivant le projet qui sera approuvé par le gouvernement.

Les frais de construction, non compris ceux pour l'établissement de la voie, seront pour moitié à la charge de l'État, qui remboursera cette moitié à la Compagnie par paiements trimestriels au fur et à mesure de l'avancement des travaux.

Le ministère des travaux publics réglera le mode suivant lequel la Compagnie devra justifier des dépenses faites pour cette construction.

Art. 8.

Pour tout ce qui est relatif aux conditions techniques de construction des chemins de fer concédés, tant sur le territoire lombard, que sur celui de l'Italie centrale, la Compagnie sera tenue de se conformer, en tant qu'il n'y est pas dérogé par le présent cahier des charges, aux dispositions contenues dans la loi du 20 novembre 1859, ainsi qu'aux dispositions ci-après:

Le rayon des courbes ne pourra jamais être inférieur à 500 mètres, sauf dans la traversée de l'Apennin, où un rayon de 300 mètres sera admis;

Le maximum de l'inclinaison des pentes est fixé à 5 millimètres par mètre, en plaine, et à 25 millimètres par mètre, dans les terrains montagneux;

Toutes les lignes seront garnies de bornes kilométriques.

Le bois ne sera pas admis dans la construction des ponts, quelle qu'en soit l'ouverture;

Les stations devront être pourvues des locaux nécessaires aux services douanier, sanitaire et de police.

Art. 9.

La garantie fixée par l'article 2 de la convention sera réglée de la manière indiquée dans les deux articles ci-après.

Art. 10.

Pour le réseau Lombard, la garantie de 5 1/5 0/0 s'applique à toutes les lignes mentionnées à l'article 1er, paragraphe *A*, du présent cahier des charges.

Elle portera sur tout le capital nécessaire et réellement déboursé :

1° Pour l'acquisition des lignes cédées à la Compagnie par le gouvernement autrichien;

2° Pour la construction des autres lignes destinées à compléter le réseau concédé, mentionné dans le susdit article 1er, paragraphe *A*;

3° Pour l'achèvement et la mise en exploitation des susdites lignes, ainsi que pour leur approvisionnement en matériel fixe et roulant pendant les trois premières années de l'exploitation, cette période de trois ans étant comptée à partir de l'ouverture complète de chaque ligne.

(Nota. Il est expressément entendu que les frais d'entretien des lignes exploitées ne sont pas compris dans les dépenses énoncées au présent paragraphe.)

4° Pour servir les intérêts à 5 0/0 du capital de construction et pourvoir aux frais généraux d'administration jusqu'à ce que la totalité du réseau Lombard, détaillé à l'article 1, soit ouverte à l'exploitation.

Le montant des frais d'administration sera réparti entre les lignes en construction et les lignes en exploitation, proportionnellement à la longueur des unes et des autres.

Les intérêts du capital employé à la construction de chaque ligne seront couverts avec les recettes de l'exploitation partielle ou totale de la même ligne, en tant que ces recettes seront suffisantes.

Art. 11.

En ce qui concerne le réseau de l'Italie centrale, la garantie d'un revenu net de 14,000 livres italiennes par kilomètre s'appliquera à toute section du tracé en plaine qui sera ouverte à l'exploitation avant l'achèvement de la ligne principale.

Lorsque cette ligne principale, s'étendant de Plaisance à Pistoja par Bologne, sera achevée et mise en exploitation, la garantie de six millions et demi de livres italiennes sera appliquée dans le rapport du nombre de kilomètres réellement exploités avec le nombre des kilomètres que devrait comprendre le réseau complet, tel qu'il a été décrit à l'article 1er, paragraphe *B*.

Lorsque le réseau sera achevé, sauf le pont sur le Pô près de Ponte-Lagoscuro, il sera fait, dans l'application de la garantie, une déduction proportionnelle au coût dudit pont, coût qui sera réglé à dire d'experts.

Si, par suite d'un événement quelconque ou, par cas de force majeure, l'exploitation du chemin de fer se trouvait interrompue, et que, par la négligence de la Compagnie, cette interruption se prolongeât au delà du temps nécessaire pour y remédier, l'application de la garantie serait également suspendue.

ART. 12.

Les sommes que l'État aurait éventuellement payées à la Compagnie, en vertu de la garantie mentionnée aux articles 9, 10 et 11 ci-dessus, constitueront une anticipation qui portera un intérêt annuel de 4 0/0.

Cette anticipation sera remboursée, pour le réseau Lombard, au moyen de l'excédant du produit net sur l'annuité de 5 1/5 0/0 garantie, et, pour le réseau de l'Italie centrale, par l'excédant du produit net sur la somme garantie conformément à l'article 11.

Dans l'un et l'autre cas, les excédants seront appliqués d'abord à l'extinction des intérêts, et ensuite à celle du capital.

ART. 13.

La garantie stipulée par les articles qui précèdent ne sera applicable qu'après approbation par le gouvernement des comptes de la Compagnie.

La Compagnie sera, en conséquence, tenue de lui présenter, à la fin de chaque année, les comptes de l'exploitation, ainsi que ceux des approvisionnements de matériel; ceux de la construction de chaque ligne, deux ans après qu'elle aura été mise en exploitation, et les comptes des lignes achevées et actuellement exploitées dans un délai d'un an, à dater de l'approbation du présent cahier des charges.

ART. 14.

Le gouvernement se réserve le droit de surveillance et de contrôle le plus étendu sur la gestion de la Compagnie; celle-ci, sur simple requête du gouvernement, sera tenue de lui fournir tous les éclaircissements et toutes les communications qu'il jugera nécessaires pour cet objet, et spécialement les budgets de l'administration et de l'exploitation.

Le gouvernement aura, en outre, le droit de se faire représenter aux assemblées générales.

Il pourra nommer un ou plusieurs commissaires spécialement chargés de cette surveillance.

En cas de désaccord entre ces commissaires et la Compagnie, le ministre des travaux publics prononcera, sauf recours, s'il y a lieu, à l'arbitrage désigné à l'article 50.

Art. 15.

Pour procéder à la distinction de garantie prescrite par le premier paragraphe de l'article 2 de la Convention, il sera nommé, dans le délai de trois mois à partir de l'approbation de ladite convention, une commission mixte chargée de déterminer le capital dépensé sur les lignes du réseau Lombard, construites et livrées à l'exploitation à la date du 31 décembre 1859.

Cette évaluation comprendra les dépenses de construction, d'achat de matériel, et tous les autres frais faits pour la mise en exploitation desdites lignes. Quant au prix payé et à payer par la Compagnie au gouvernement autrichien, pour l'acquisition des lignes qu'il a cédées par la convention du 14 mars 1856, il sera réparti entre le réseau Lombard et le réseau Vénitien, en raison de la longueur des lignes qui, dans chacun de ces réseaux, étaient exploitées à cette date.

Art. 16.

Les frais de surveillance et de réception des travaux et ceux du contrôle de l'exploitation seront supportés par la Compagnie.

Ils comprendront le traitement des inspecteurs ou commissaires que le gouvernement nommera pour cet objet, ainsi que du personnel subalterne qui leur sera attaché.

Afin de pourvoir à ces frais, ainsi qu'à ceux de la surveillance spéciale mentionnée à l'article 14, la Compagnie sera tenue de verser chaque année, à la caisse du Trésor public, une somme de 60 livres italiennes par chaque kilomètre de chemin en construction ou en exploitation.

Art. 17.

La Compagnie aura la préférence pour les lignes dont l'établissement en Lombardie ou dans l'Italie centrale serait soumissionné par des tiers, soit comme continuation, soit comme embranchement des lignes qui lui sont concédées, à la charge par elle d'accepter les conditions qui auraient été proposées par les soumissionnaires, dans un délai de quatre mois après qu'elles lui auront été communiquées.

Art. 18.

Dans le cas où le gouvernement aurait résolu d'exécuter ou de mettre en exploitation des lignes nouvelles en Lombardie, il sera tenu d'en offrir la concession à la Compagnie, et il ne pourra passer outre à la construction ou à la concession de ces lignes qu'autant que la Compagnie aurait laissé passer un délai de quatre mois sans accepter formellement la concession qui lui aurait été offerte.

Art. 19.

Le privilége dont il est question aux articles 17 et 18 aura la durée fixée pour la concession. Il est, en outre, stipulé qu'aucune ligne nouvelle ayant pour objet de relier entr eux, par une autre voie, des points déjà desservis par la ligne du réseau concédé, ne pourra être concédée ni établie dans l'Italie centrale, et qu'une semblable ligne ne pourra être concédée ou établie en Lombardie qu'autant que cette voie nouvelle toucherait à des points intermédiaires placés en dehors des lignes concédées, et qui seraient considérés par le gouvernement comme ayant une grande importance stratégique, politique ou commerciale.

La Compagnie pourra, moyennant l'approbation du gouvernement, réunir à son entreprise, soit partiellement, soit en totalité, d'autres chemins de fer.

Art. 20.

Dans le cas où la Compagnie n'accepterait pas une concession qui lui aurait été proposée, en vertu des articles précédents, elle devra s'entendre avec le gouvernement pour régler, d'un commun accord, et dans l'intérêt général, les conditions du service dans les localités qui serviraient de point de départ à une ou plusieurs lignes appartenant à des Sociétés différentes, et spécialement dans les stations destinées à être d'un commun usage.

Art. 21.

Dans le délai de trois mois, à dater de l'approbation de la présente convention, la Compagnie présentera au gouvernement un état des actions et obligations émises jusqu'à ce jour, avec l'indication du prix d'émission. Elle ne pourra procéder à de nouvelles émissions d'actions ou d'obligations qu'après avoir obtenu l'approbation du gouvernement.

Les produits des chemins de fer de l'État seront attribués, par privilége de priorité, au service des obligations, intérêts et amortissement.

Art. 22.

Le capital du chemin de fer de l'Italie centrale sera représenté par des séries spéciales d'obligations, dont l'émission sera limitée de façon à ce que le montant des intérêts et amortissements correspondants ne surpasse jamais l'annuité garantie conformément à l'article 11 du cahier des charges.

Art. 23.

Après l'accomplissement des prescriptions portées aux deux articles précédents, les actions et obligations de la Compagnie jouiront des garanties, priviléges et facilités accordés aux titres des Sociétés nationales.

Art. 24.

En raison de la différence des garanties accordées au réseau Lombard et à celui de l'Italie centrale, la comptabilité des deux réseaux devra être tenue séparément, de telle sorte qu'en tout temps et en toute occasion, les frais de construction et d'exploitation du chemin de fer de l'Italie centrale puissent être distingués de ceux qui se rapportent aux chemins Lombards.

Art. 25.

La Compagnie est autorisée à créer des établissements, ateliers, forges et usines, à maintenir en activité ceux qu'elle possède déjà, à acquérir et à exploiter des mines de houille et de lignite, des tourbières, des bois ou forêts, en se conformant aux lois et règlements intervenus et à intervenir, et sous la réserve expresse que les dispositions des articles 26, 27 et 28 ne seront point applicables à ces différentes industries.

Art. 26.

La Compagnie aura, pendant la période fixée pour la construction et l'achèvement des lignes indiquées à l'article 1er du présent cahier des charges, la faculté d'introduire, avec réduction de moitié sur les droits de douane, s'il s'agit des chemins Lombards, et avec exemption totale de ces droits, s'il s'agit du chemin de l'Italie centrale, tous les objets qui, d'après l'attestation écrite des commissaires du gouvernement, seraient destinés soit pour la construction, soit pour la mise en exploitation des lignes concédées, y compris les approvisionnements pour une durée de trois mois en sus.

Art. 27.

Jusqu'à la fin de l'année 1868, pour les chemins Lombards, et pendant toute la durée de la concession, pour celui de l'Italie centrale, la Compagnie sera affranchie de l'impôt sur le revenu, et n'aura à payer que l'impôt foncier. Ce dernier impôt sera établi sur les terrains et bâtiments achetés par la Compagnie, d'après les cotes portées aux rôles officiels, au moment où elle en a fait l'acquisition.

La Compagnie continuera néanmoins à payer l'impôt territorial dans la proportion du chiffre pour lequel les terrains et les bâtiments acquis pour la ligne figuraient au cadastre de l'époque de l'acquisition.

Art. 28.

Tout acte ou contrat passé par la Compagnie, et relatif exclusivement à la construction des lignes concédées, sera passible du droit fixe d'une livre italienne, et sera affranchi de tout autre droit proportionnel d'enregistrement.

ART. 29.

La Compagnie jouira de la franchise pour le transport sur ses lignes des lettres et paquets concernant uniquement l'administration et l'exploitation des chemins de fer dont elle est concessionnaire.

ART. 30.

La Compagnie est autorisée à percevoir, tant sur le réseau Lombard que sur celui de l'Italie centrale, les tarifs qui lui ont été accordés, et qui sont déterminés au tableau annexé au présent cahier des charges.

Toutefois, il est expressément déclaré que ces tarifs seront considérés uniquement comme provisoires, et ne seront appliqués que jusqu'à l'époque de la jonction des lignes de Milan à Plaisance avec celles de Gênes et de l'Italie centrale.

Les tarifs définitifs seront l'objet de conventions ultérieures entre le gouvernement et la Compagnie, et il sera alors adopté, relativement à ces tarifs, un système uniforme.

ART. 31.

Tant que la ligne directe de Treviglio à Coccaglio ne sera pas terminée et ouverte au public, la Compagnie ne pourra percevoir, tant pour le transport des marchandises expédiées de Milan à Brescia ou au delà, que pour le transport de celles qui seraient expédiées de Brescia ou en deçà sur Milan, un prix supérieur auquel elle aurait droit si ce transport s'effectuait par la ligne directe entre les stations de Treviglio et de Coccaglio, ligne dont la longueur serait de 32 kilomètres.

ART. 32.

En cas de cherté extraordinaire des vivres, le gouvernement aura le droit de réduire les taxes du transport des denrées alimentaires jusqu'à la moitié du maximum fixé par les tarifs.

Art. 33.

Les transports militaires devront être effectués à des prix réduits, savoir :

Pour les militaires en corps ou isolés, mais munis de feuilles de route, le tiers; pour les chevaux, bagages, effets militaires et matériel de guerre, la moitié des prix fixés par les tarifs.

Les objets appartenant au matériel de guerre qui ne seraient pas expressément dénommés dans la classification des marchandises, seront assimilés aux marchandises de deuxième classe pour les transports à petite vitesse.

Art. 34.

Les détenus et agents de la force publique qui les accompagnent seront transportés pour la moitié du prix du tarif des voitures de troisième classe.

Les détenus seront placés dans un compartiment séparé, lorsqu'ils ne seront pas enfermés dans des voitures cellulaires.

Lorsqu'au contraire l'administration emploiera pour leur transport des voitures ou wagons cellulaires, elle n'aura pas à payer de taxe supplémentaire pour ces voitures ou wagons.

Art. 35.

Les fonctionnaires publics chargés de la surveillance de l'exploitation des chemins de fer ou du contrôle des opérations de la Compagnie, seront transportés en franchise ainsi que leurs bagages.

Art. 36.

La Compagnie est tenue d'effectuer gratuitement dans les convois de voyageurs et dans les convois mixtes le transport des lettres, des dépêches, des paquets de service, ainsi que celui des employés de service, et le transport des lettres même dans les convois à grande vitesse.

Les wagons-poste ambulants seront fournis par l'administration des postes et entrenus par elle.

Dans le cas où l'administration n'emploierait pas de wagons-poste spécialement destinés à son service dans les convois ordinaires et mixtes, la Compagnie sera obligée de mettre à sa disposition un wagon entier à quatre roues.

Chaque fois que le service de la poste exigera l'usage d'un véhicule d'une capacité plus grande que celle du wagon-poste, l'Etat aura à payer à la Compagie une indemnité de 0,15 centimes de livre italienne par kilomètre et par wagon supplémentaire.

La Compagnie sera tenue de se charger des envois faits par l'administration des postes et qui ne seraient pas accompagnés par un employé, ainsi que de la surveillance des wagons de la poste.

Des bureaux seront mis gratuitement à la disposition de l'administration des postes dans toutes les stations où se fait l'expédition des lettres.

Dans le cas où la poste se réserverait le droit exclusif de transporter les petits articles de messagerie, elle devra payer à la Compagnie les deux tiers du prix du tarif.

Art. 37.

Toute manœuvre ayant pour objet de frustrer la Compagnie des prix dus pour les transports, toute tentative pour voyager en fraude dans les voitures de la Compagnie, toute fausse déclaration de nature ou de poids, groupement en un seul envoi d'articles appartenant à diverses classes ou expédiés à différentes personnes, seront passibles d'un droit triple.

Cette disposition sera insérée dans les tarifs imprimés de la Société.

ART. 38.

Le gouvernement se réserve le droit d'établir, sans indemnité de ce chef, des lignes télégraphiques le long des chemins de fer concédés à la Compagnie, et de se servir des poteaux des lignes télégraphiques de la Compagnie.

La Compagnie, de son côté, aura le droit d'établir, à ses frais, des lignes télégraphiques, ou de se servir des poteaux de l'État.

La Compagnie ne pourra transmettre d'autres dépêches que celles relatives au service de ces lignes, et elle sera, sous ce rapport, soumise à la surveillance du gouvernement.

ART. 39.

La Compagnie devra faire surveiller gratuitement par ses propres agents les lignes télégraphiques établies ou à établir pour le compte de l'État, le long des chemins de fer.

Les agents chargés de cette surveillance devront dénoncer immédiatement à la station télégraphique la plus voisine, ou à l'autorité compétente la plus rapprochée, tout dommage causé aux lignes télégraphiques.

ART. 40.

Pendant toute la durée de la concession, la Compagnie devra conserver en bon état d'entretien toutes les lignes concédées, et y maintenir un matériel roulant suffisant pour les besoins du service.

Elle devra, en outre, établir et maintenir en activité dans une ou plusieurs stations principales, des ateliers assez importants pour y faire exécuter les grandes réparations de tout son matériel roulant.

ART. 41.

Dans le cas où la Compagnie ne remplirait pas les obligations qui lui sont imposées par le présent cahier des charges, le gouvernement se réserve de faire usage des mesures autorisées par la législation sur les chemins de fer, et de pourvoir, aux frais de la Compagnie, aux dispositions urgentes.

ART. 42.

La Compagnie choisira, autant que possible, son personnel parmi les habitants du royaume. Il ne pourra y avoir d'exception à cette règle que pour les emplois supérieurs ou pour ceux qui exigent des connaissances spéciales.

Pour les emplois du service actif, elle donnera, à conditions égales, la préférence aux militaires congédiés et munis de bons certificats. Un tiers au moins des emplois précités sera, dans tous les cas, réservé aux militaires libérés du service.

ART. 43.

Au 1er janvier 1955, le gouvernement reprendra possession et entrera immédiatement en jouissance de tous les chemins appartenant à la Compagnie sur le territoire lombard et mentionnés à l'article 1er du présent cahier des charges. Il en sera de même, au 1er janvier 1949, pour le chemin de fer de l'Italie centrale.

Pour le réseau Lombard, la prise de possession gratuite s'étendra à toutes les dépendances du chemin de fer, meubles ou immeubles, de quelque nature qu'elles soient, y compris les approvisionnements de tout genre.

Mais, en ce qui concerne le réseau de l'Italie centrale, le gouvernement n'acquerra, à titre gratuit, que la propriété des immeubles; le matériel roulant, les outils et ustensiles, les approvisionnements de combustible, ou d'autres objets, lui seront remis contre paiement d'un prix qui sera réglé à l'amiable ou fixé à dire d'experts.

Les établissements créés ou exploités en vertu de l'article 25 du présent cahier des charges, tant en Lombardie que dans l'Italie centrale, demeureront la propriété de la Compagnie.

Art. 44.

Après l'année 1895, pour lesdits chemins Lombards, et l'année 1888, pour ceux de l'Italie centrale, le gouvernement aura la faculté de racheter les chemins de fer, moyennant le paiement d'une rente annuelle à servir par semestre jusqu'à l'expiration de l'année 1954, pour le réseau Lombard, et de l'année 1948, pour le réseau de l'Italie centrale.

Art. 45.

Pour régler le prix de ce rachat, on relèvera les produits nets et annuels obtenus par la Compagnie pendant les sept années qui auront précédé celle où le gouvernement aura notifié l'intention de racheter les chemins; on en déduira les produits nets des deux années les plus faibles, et on prendra la moyenne du produit de cinq autres années.

Ce produit net moyen formera le montant de l'annuité qui sera payée par semestre à la Compagnie pendant chacune des années restant à courir jusqu'à l'expiration de la concession.

Dans aucun cas, cette annuité ne pourra être inférieure, soit aux 5 1/5 0/0 du capital dépensé pour les chemins Lombards, soit à la rente annuelle garantie, pour ceux de l'Italie centrale, conformément à l'article 11.

Art. 46.

Dans le cas prévu dans les deux articles précédents, comme aussi dans le cas où le gouvernement ne prendrait possession des chemins qu'à l'expiration de la concession, ces chemins et toutes leurs dépendances devront lui être remis en bon état d'entretien.

S'il en était autrement, il aurait le droit de faire exécuter les réparations nécessaires aux frais de la Compagnie, ou d'obliger celle-ci à les exécuter elle-même.

En cas de contestation ou de désaccord sur l'appréciation de l'état des chemins de fer, il sera procédé de la manière indiquée dans les articles 48, 49 et 50.

Les mêmes dispositions seraient applicables si la Compagnie venait à se dissoudre avant l'époque fixée pour le terme de la concession.

Art. 47.

A l'expiration du terme fixé pour la concession, la Compagnie sera tenue, si le gouvernement l'exige, de continuer à entretenir et à exploiter les chemins pendant les six mois suivants, aux frais et pour le compte de l'État. Les comptes de l'exploitation qui serait ainsi faite par la Compagnie, d'après une réquisition du gouvernement, devront être produits dans un délai de trois mois.

Si le gouvernement fait des observations sur ces comptes dans un délai de trois mois après leur production, la Compagnie devra présenter sa réponse et fournir les nouvelles justifications qui lui auraient été demandées; à défaut de quoi les objections élevées contre les comptes susdits seront tenues pour fondées et les comptes réglés en conséquence.

Si, au contraire, le gouvernement n'élève pas d'objections contre les comptes dans un délai de trois mois, ou contre la réponse de la Compagnie dans un délai de six semaines, les comptes que la Compagnie aura présentés seront considérés comme approuvés.

Art. 48.

Pour toutes les difficultés auxquelles donnerait lieu l'exécution du présent cahier des charges et de la convention à laquelle il est annexé, en date du 25 juin 1860, la Compagnie devra s'adresser d'abord au ministre des travaux publics, auquel il appartiendra de prendre des décisions.

En cas de désaccord entre le ministre et la Compagnie, on aura recours à des arbitres, et il est, à cet effet, formellement dérogé à toutes les dispositions de loi contraires.

Art. 49.

Lorsqu'il y aura lieu de recourir à l'arbitrage, la partie qui l'aura réclamé signifiera à l'autre le choix de son arbitre en l'invitant à désigner le sien, et, faute par celle-ci de déférer à cette invitation dans un délai de quatorze jours, l'autre partie aura le droit de désigner, en son lieu et place, le second arbitre, en avisant seulement la partie adverse de cette décision.

Art. 50.

En cas de désaccord entre les deux arbitres, les parties nommeront un tiers arbitre, et, si elles ne peuvent pas s'entendre sur cette nomination, elle sera faite par les deux premiers arbitres. Si les deux premiers arbitres ne pouvaient se mettre d'accord pour le choix du tiers arbitre, ce choix serait opéré au moyen d'un tirage au sort entre les personnes proposées.

ART. 51.

Les deux parties seront tenues d'acquiescer à la décision unanime des deux arbitres, ou, en cas de désaccord, à la sentence du tiers arbitre, pourvu que le résultat de cette sentence reste compris entre les limites fixées par les propositions des deux premiers arbitres.

Le Ministre des Finances,
VEGEZZI.

Le Ministre des Travaux publics,
S. JACINI.

Le représentant de la Société,
PAULIN TALABOT.

STATUTS

DE LA

SOCIÉTÉ DES CHEMINS DE FER

DU SUD DE L'AUTRICHE ET DE LA VÉNÉTIE,

DE LA LOMBARDIE ET DE L'ITALIE CENTRALE.

(RÉSEAU ITALIEN.)

STATUTS

DE LA

SOCIÉTÉ DES CHEMINS DE FER

DU SUD DE L'AUTRICHE ET DE LA VÉNÉTIE,

DE LA LOMBARDIE ET DE L'ITALIE CENTRALE.

TITRE Ier.

Objet, dénomination, siége et durée de la Société.

ARTICLE PREMIER.

La Société a pour objet :

a.) La construction, l'achèvement et l'exploitation des chemins de fer cédés et concédés par l'acte de concession, en date du 23 septembre 1858, pour ce qui concerne les lignes situées sur le territoire autrichien et celles situées dans les États de S. M. le roi Victor-Emmanuel, et dont la concession a été confirmée ou accordée par la loi du 8 juillet 1860 et par le cahier des charges annexé à ladite loi ;

b.) La construction et l'exploitation de tous autres chemins de fer qui, dans l'un ou l'autre territoire, pourraient être ultérieurement concédés ou cédés à la Société, pris à bail ou achetés par elle, avec l'autorisation du gouvernement respectif, et spécialement de ceux pour lesquels l'acte de concession du 23 septembre 1858 et le cahier des charges annexé à la loi du 8 juillet 1860 lui confèrent un droit de préférence;

c.) L'exécution des établissements, travaux et entreprises autorisés par les articles 2 et 38 de ladite concession et dudit cahier des charges (1);

d.) Et, en général, l'exploitation de tous services de transport par terre et par eau qui pourraient, avec l'approbation du gouvernement, être établis en correspondance avec les chemins de fer appartenant à la Société ou affermés par elle, sous réserve de tous priviléges et de toutes concessions déjà accordés à d'autres.

Art. 2.

La Société prend la dénomination de :

Société des chemins de fer du sud de l'Autriche et de la Vénétie, pour les lignes placées sous la domination autrichienne;

Elle prend la dénomination de :

Société des chemins de fer de la Lombardie et de l'Italie centrale, pour les lignes situées dans les États de S. M. Victor-Emmanuel;

Et de :

Société des chemins de fer du sud de l'Autriche et de la Vénétie, de la Lombardie et de l'Italie centrale, pour les actes d'intérêt général.

---

(1) Articles 1 et 25 du cahier des charges annexé à la loi du 8 juillet 1860.

ART. 3.

Le terme de la Société est fixé au 31 décembre 1954.

ART. 4.

Le siége de la Société est à Vienne, pour tout ce qui concerne les chemins de fer situés sur le territoire autrichien.

Il est dans la capitale de S. M. le roi Victor-Emmanuel, pour les lignes situées dans ses États.

TITRE II.

Fonds social, actions.

ART. 5.

Le fonds social se compose de 375 millions de francs représentés par 750,000 actions de 500 francs chacune, soit 200 florins, m. a. argent, soit 20 livres sterling.

Ces actions sont libellées de manière à pouvoir être négociées en Autriche, en Allemagne, en Italie, en France et en Angleterre.

Les augmentations du fonds social, soit par la création d'actions nouvelles, soit par l'émission d'obligations, ne peuvent avoir lieu qu'avec l'autorisation de l'assemblée générale et l'approbation du gouvernement, ainsi qu'il est expliqué à l'article 19.

ART. 6.

Chaque action donne droit à une part égale dans la propriété sociale et dans les bénéfices de l'entreprise. La possession d'une action implique l'obligation de se soumettre aux engagements résultant des statuts.

Art. 7.

Les actionnaires, leurs héritiers ou ayants droit ne peuvent prendre aucune mesure privée pour garantir leurs droits, ni demander aucune justification sur l'administration de la propriété sociale, si ce n'est dans les formes et les cas prévus aux statuts, ni s'immiscer dans l'administration de la Société, s'ils n'y sont appelés par les statuts.

Art. 8.

Les actions sont revêtues de la signature d'un des administrateurs et d'un employé de la Société délégué à cet effet.

Elles sont frappées du timbre de la Société et extraites d'un registre à souche.

Chaque action est pourvue de coupons, sur la présentation desquels seront payés les intérêts et les dividendes.

Art. 9.

Les actions et coupons sont au porteur. La Société ne reconnaît d'autre propriétaire que le porteur des titres.

Le Conseil d'administration peut autoriser le dépôt des actions et obligations dans les caisses qu'il désigne à cet effet.

Le paiement des intérêts et dividendes pourra avoir lieu sur la présentation du certificat de dépôt.

Le Conseil pourra aussi, sur la demande des actionnaires, délivrer des actions nominatives.

ART. 10.

Chaque action ou obligation est indivisible.

La Société ne reconnaît qu'un seul propriétaire pour chaque titre d'action ou d'obligation.

ART. 11.

Les versements sur les actions doivent avoir lieu en monnaie d'or ou d'argent, savoir : à Paris et en Italie, en francs ; à Londres, en livres sterling ; à Vienne, en monnaie autrichienne, d'après le cours authentique sur Londres du jour du versement, et, dans les autres villes qui seront désignées par le Conseil d'administration, aux caisses et aux conditions que le Conseil d'administration fixera.

Tout versement appelé devra être annoncé un mois au moins avant l'époque fixée pour le paiement : à Vienne, Trieste, Venise, Turin, Milan, Florence, Bologne, par les gazettes officielles; à Paris, dans le *Moniteur;* à Londres, dans le *Times;* à Berlin, dans la *Gazette officielle;* à Francfort, dans le *Journal de la Direction des postes.*

Toute autre publication intéressant les actionnaires aura lieu par la voie des mêmes journaux.

ART. 12.

A défaut de versement aux époques fixées, la Société est autorisée à faire vendre les actions en retard d'effectuer le versement.

A cet effet, les numéros de ces actions seront publiés dans les journaux indiqués à l'art. 11, avec indication des conséquences du retard.

Trente jours après cette publication (à partir de la date de la dernière insertion dans les journaux désignés), si l'actionnaire retardataire n'a pas opéré le versement avec l'intérêt à 5 0/0 pour chaque jour de retard, la Société, sans autre mise en demeure et sans aucune formalité judiciaire, aura le droit de faire procéder à la vente des actions sur duplicata, soit en une fois, soit successivement. La vente se fera à la Bourse de Vienne, de Turin, de Paris et de Londres, au choix de la Société, par le ministère d'un agent de change et pour le compte, aux frais, risques et périls des retardataires.

ART. 13.

Les titres des actions ainsi vendues seront nuls de plein droit, et il en sera délivré aux acquéreurs de nouveaux, portant les mêmes numéros que les titres annulés.

L'imputation des prix à provenir de la vente, après déduction des frais et intérêts, s'opérera en commençant par les versements non effectués.

L'excédant, s'il en existe, sera déposé dans la caisse de la Société et y sera tenu à la disposition de l'actionnaire exproprié.

ART. 14.

La négociation de toute action qui ne porte pas la mention régulière de tous les versements échus est nulle de plein droit.

ART. 15.

Les actionnaires ne sont engagés que jusqu'à concurrence du capital de leurs actions.

ART. 16.

En cas de perte, de vol ou de destruction d'une action ou

d'un coupon, l'annulation de ces titres sera poursuivie par l'ayant droit devant le tribunal de commerce respectif des villes où siége l'un ou l'autre des Conseils d'administration, et le décret par lequel le tribunal mettra en demeure le détenteur de l'action ou du coupon devra, dans tous les cas, être inséré par trois fois dans les deux gazettes officielles des capitales où siégent les deux Conseils.

TITRE III.

Administration de la Société.

ART. 17.

La Société est représentée :

a.) Par l'assemblée générale des actionnaires ;

b.) Par les Conseils d'administration et par le Comité de Paris ;

c.) Par les chefs des services dont il est question à l'art. 47.

a.

Assemblée générale.

ART. 18.

L'assemblée générale constituée conformément aux statuts prononce sur toutes les affaires dont la décision lui est réservée exclusivement, ou qui lui sont soumises par les Conseils d'administration dans les formes réglées par l'art. 38.

Les décisions prises dans les limites des lois générales et des statuts obligent tous les actionnaires.

Art. 19.

Sont exclusivement réservés à la décision de l'assemblée générale les objets suivants :

a.) La nomination des administrateurs, la confirmation de ceux élus conformément à l'art. 34 et la fixation des indemnités à leur allouer ;

b.) L'examen et l'approbation des comptes annuels ;

c.) La fixation du dividende annuel ;

d.) La décision sur l'acquisition, la concession ou la prise à bail de nouvelles lignes ;

e.) L'augmentation du fonds social par l'émission de nouvelles actions ou par voie d'emprunt ;

f.) La dissolution de la Société avant l'expiration de la concession ou la prolongation au delà de ce terme ;

g.) La disposition du fonds de réserve en cas de dissolution avant la fin ou au terme de la concession, comme aussi en cas de rachat par l'un ou l'autre des deux gouvernements après le terme de trente ans.

h.) Les modifications ou additions aux statuts.

L'approbation des gouvernements respectifs sera nécessaire pour l'exécution des décisions spécifiées aux lettres *d*, *e*, *f* et *h*.

Art. 20.

L'assemblée générale se réunit chaque année à Paris avant le 31 mai.

Elle se réunit en outre toutes les fois que les Conseils d'administration en reconnaîtront l'utilité.

ART. 21.

La convocation de l'assemblée générale est faite par le Comité de Paris, moyennant un avis publié trente jours au moins avant l'époque fixée pour la réunion. Cet avis est inséré dans les journaux indiqués à l'article 11.

ART. 22.

Lorsque l'assemblée générale aura à délibérer sur des objets autres que ceux indiqués aux lettres *a*, *b*, *c* (art. 19), l'avis de convocation devra indiquer ces objets expressément, et l'assemblée générale ne pourra délibérer valablement que sur les objets ainsi spécifiés dans la publication.

ART. 23.

L'assemblée générale se compose de tous les actionnaires propriétaires d'au moins quarante actions. Ne pourront y assister que les actionnaires qui auront déposé leurs titres, au plus tard quatorze jours avant la réunion, dans les caisses indiquées par les Conseils d'administration.

ART. 24.

Les actionnaires qui veulent prendre part aux délibérations doivent ou assister en personne à l'assemblée, ou s'y faire représenter par un autre actionnaire muni de pouvoirs écrits et ayant lui-même le droit d'assistance à l'assemblée. La forme des pouvoirs sera déterminée par le Comité de Paris.

Les représentants légaux de pupilles, de personnes sous curatelle, les chefs de communauté, d'établissements publics, de corporations, peuvent seuls prendre part aux délibérations sans être eux-mêmes actionnaires.

Art. 25.

Les votes sont émis publiquement, à moins que vingt membres ne réclament le scrutin secret.

Les nominations se font par bulletins de vote, à moins de décision contraire de l'assemblée générale.

Art. 26.

La possession de quarante actions donne droit à une voix.

Le même actionnaire ne peut cependant réunir plus de dix voix en son nom personnel, ni plus de vingt voix tant en son nom personnel que comme fondé de pouvoirs d'autres actionnaires ayant droit de vote.

Art. 27.

Les décisions de l'assemblée générale sont prises à la majorité absolue dans tous les cas où les présents statuts n'en disposent pas autrement.

Elles ne sont valables que si l'assemblée compte au moins cinquante actionnaires présents, et si les actions déposées par eux représentent au moins le vingtième du fonds social en actions.

Art. 28.

Dans le cas où les conditions prescrites par l'art. 27 pour la validité des décisions de l'assemblée ne seraient point remplies, il sera convoqué une nouvelle assemblée dont les décisions seront valables, quel que soit le nombre des actionnaires présents et des actions représentées par eux

Les décisions à prendre dans cette seconde assemblée ne pourront porter que sur les objets contenus dans l'ordre du jour de la première.

La convocation de la seconde assemblée sera faite dans la forme prescrite par l'art. 21, avec l'indication que les décisions de la nouvelle assemblée seront prises sans égard au nombre des actionnaires présents et des actions qu'ils représentent.

Le délai entre la convocation et la réunion est réduit à vingt jours.

Art. 29.

Pour décider sur les objets spécifiés dans l'art. 19 sous les les lettres *d*, *e*, *f*, *h*, l'assemblée doit être composée d'au moins soixante actionnaires présents ou représentés, possédant au moins le cinquième du fonds social. Les décisions doivent être prises à la majorité des deux tiers des voix.

Dans le cas où, sur une première convocation, les actionnaires présents ne rempliraient pas les conditions imposées par le paragraphe qui précède pour la validité des opérations de l'assemblée générale, il sera procédé à une seconde convocation à trente jours d'intervalle au moins.

Les délibérations de l'assemblée générale réunie en vertu de cette seconde convocation, seront valables pourvu que les actionnaires présents, au nombre de cinquante, représentent au moins le dixième des actions émises.

Art. 30.

L'assemblée générale est présidée par le président du Comité de Paris, et, à son défaut, par l'administrateur désigné par le Comité pour le remplacer.

Les fonctions de scrutateur seront remplies par les deux plus forts actionnaires, et, en cas de refus, par les deux qui viendront après jusqu'à acceptation.

ART. 31.

Les décisions de l'assemblée générale seront constatées dans un procès-verbal rédigé par le secrétaire et signé par le président, par les deux scrutateurs, par le secrétaire et par les commissaires des gouvernements intéressés.

Le rapport fait à l'assemblée et les décisions prises par elle seront imprimés et publiés.

b.

Conseils d'administration et Comité de Paris.

ART. 32.

La Société est administrée par deux Conseils d'administration indépendants : l'un, pour les lignes situées sur le territoire autrichien ; l'autre, pour celles situées dans les États de S. M. le roi Victor-Emmanuel.

Les questions d'intérêt général sont réglées ainsi qu'il est dit à l'art. 38.

ART. 33.

Le Conseil d'administration de chacun des deux réseaux se composera de vingt et un membres, savoir :

1° Treize membres domiciliés dans chacun des deux États, dont dix au moins seront citoyens de chacun de ces États.

2° Huit membres résidant à Paris et à Londres.

Les administrateurs résidant à Paris et à Londres forment un comité dont les attributions sont déterminées par l'art. 37.

ART. 34.

Les membres du Conseil d'administration sont nommés par l'assemblée générale.

Leurs fonctions durent cinq années.

Le remplacement s'opère par cinquième, séparément pour chacun des Conseils, par un tirage au sort qui aura lieu à l'assemblée générale ordinaire. Le sort détermine celle des cinq années dans lesquelles le renouvellement se fait pour un nombre moindre.

Les membres sortants sont rééligibles.

Chaque administrateur doit être propriétaire de cent actions qui seront inaliénables pendant la durée de ses fonctions, et qui seront déposées dans les caisses désignées à l'article 11.

ART. 35.

Si un membre du Conseil cesse ses fonctions dans le cours d'une année, il sera pourvu à son remplacement provisoire par le Conseil auquel il appartient, d'après les prescriptions et conditions contenues à l'article 34. Ce choix sera soumis à l'approbation de la plus prochaine assemblée générale.

Les fonctions des administrateurs ainsi nommés ne durent que le temps pendant lequel leurs prédécesseurs devaient rester encore en exercice.

ART. 36.

Chacun des deux Conseils, ainsi que le Comité de Paris, choisiront tous les deux ans un président et un vice-président.

A l'expiration de leurs fonctions, les présidents et les vice-présidents sont rééligibles.

En cas d'absence du président et du vice-président, les Conseils ou le Comité désigneront un de leurs membres pour présider.

ART. 37.

Le Comité de Paris représente la Société dans ses rapports avec les actionnaires à Paris et à Londres.

ART. 38.

Lorsqu'il y aura lieu de délibérer sur l'une des questions énumérées à l'article 19 ou sur toute autre question à soumettre à la délibération de l'assemblée générale, ou concernant les intérêts généraux de la Société, et spécialement sur l'établissement du budget général, la question sera soumise à la décision de chacun des deux Conseils intéressés, et, en cas de désaccord entre eux, à une réunion générale convoquée à Paris par les soins du président du Comité. Cette réunion se composera de cinq membres délégués à cet effet par chaque Conseil et choisis par les administrateurs résidants et parmi eux, et de trois membres délégués par le Comité de Paris.

Chacun des Conseils peut, ainsi que le Comité, prendre l'initiative sur les affaires ainsi réservées et demander que les propositions soient soumises au mode de délibération prescrit par le paragraphe précédent.

ART. 39.

Les deux Conseils d'administration sont investis des pouvoirs les plus étendus pour la gestion des affaires de la Société dans les limites fixées pour chacun d'eux par les articles précédents.

Ils agiront, dans tous les cas, à l'égard des affaires concernant leurs réseaux respectifs, comme pourrait le faire toute personne capable et maîtresse de ses droits.

Ils auront le droit de déléguer leurs propres pouvoirs à un ou plusieurs de leurs membres, ou à des employés de la Société, ou à toute autre personne.

Ils donneront dans ce cas des pouvoirs spéciaux, ou régleront les délégations par des ordres de service.

ART. 40.

Les actes concernant les transferts de rente et d'effets publics, les actes d'acquisitions, de ventes et d'échanges de propriétés immobilières, les transactions, marchés et autres actes engageant la Société, les acquits, les endossements, ainsi que les traites et mandats sur les banquiers et sur tous les dépositaires de fonds de la Société, doivent être signés par deux administrateurs, à moins d'une délégation expresse à un seul administrateur ou à toute autre personne.

Dans ce dernier cas, la procuration donnée sera en forme légale et enregistrée.

ART. 41.

L'administration de chaque réseau et des établissements y compris, confiée à chacun des Conseils, sera complétement indépendante et entièrement distincte dans les limites des attributions fixées par les présents statuts.

ART. 42.

Les administrateurs faisant partie d'un Conseil ou du Comité et qui ne résideraient pas à leur siége, pourront, lorsqu'ils n'assisteront pas aux séances, se faire représenter par un membre de leur Conseil ou de leur Comité, ou bien envoyer leur vote par écrit.

Un membre présent ne peut être fondé de pouvoirs que d'un seul de ses collègues absents.

ART. 43.

Les deux Conseils se réunissent sur la convocation du président au moins deux fois par mois et aussi souvent que l'intérêt de la Société l'exige.

Les décisions sont prises à la majorité absolue, et en cas de partage la voix du président est prépondérante.

La présence de cinq membres est nécessaire pour la validité des délibérations.

La présence de neuf membres est nécessaire pour que la réunion en Conseil général dont il est question à l'article 38 puisse délibérer.

ART. 44.

Les membres de chaque Conseil sont convoqués pour toutes les séances cinq jours au moins avant la réunion. En cas d'urgence, la convocation pourra être faite par le président à plus bref délai.

La convocation devra être faite dix jours d'avance lorsqu'il s'agira d'affaires importantes, ainsi que pour la réunion générale prévue à l'article 38.

Les procès-verbaux des séances des Conseils seront signés par le président, par un membre du Conseil et par le secrétaire.

ART. 45.

Sur le produit net du réseau entier, déduction faite des

charges énumérées à l'article 49, il sera prélevé 5 0/0 pour la rémunération des Conseils d'administration et des chefs de service. Un tiers de ce prélèvement sera réparti entre les chefs de service des deux réseaux, dans la proportion des produits bruts, et distribué par chacun des Conseils d'administration entre les chefs de service.

Le surplus sera réparti jusqu'au 1er janvier 1863 entre les membres des deux Conseils d'administration dans la proportion suivante :

Aux administrateurs résidant en Autriche, 45 0/0 (réseau, 2,300 kilomètres) ;

Aux administrateurs résidant dans les États de S. M. le roi Victor-Emmanuel (Italie), 30 0/0 (réseau, 751 kilomètres);

Aux administrateurs résidant à Paris et à Londres, 25 0/0.

Après le 1er janvier 1863, la répartition entre les administrateurs des deux Conseils aura lieu dans la proportion des produits nets de chacun des réseaux.

Art. 46.

Les administrateurs ne sont responsables des décisions et des actes du Conseil d'administration que dans la mesure fixée par la loi pour les mandataires.

c.

Chefs de service.

Art. 47.

Les chefs supérieurs du service sont chargés et sont responsables de l'exécution des décisions du Conseil et des détails de la gestion des affaires de la Société, dans les limites fixées par ses décisions.

Ils sont nommés et révoqués par le Conseil respectif qui fixe leurs attributions et leurs traitements.

Les chefs de service assistent aux séances des Conseils avec voix consultative.

Ils ont sous leur direction tous les employés et agents et proposent au Conseil leurs nomination, révocation, traitement et gratification.

TITRE IV.

Comptes annuels, intérêts, dividendes, fonds de réserve, amortissement.

ART. 48.

Les fonds provenant des versements sur les actions et des émissions d'obligations seront appliqués :

1° A l'accomplissement des engagements pour les sommes à payer, conformément aux stipulations des actes de concession en date du 14 mars 1856 et du 23 septembre 1858;

2° Aux frais de la construction et de la mise en exploitation des chemins de fer indiqués dans lesdits actes de concession et dans la convention annexée à la loi du 8 juillet 1860;

3° Au paiement des intérêts à 5 0/0 du capital engagé dans la construction de chaque ligne pendant la durée de la construction.

ART. 49.

Le bilan sera arrêté au 31 décembre de chaque année, et

soumis, avec les pièces justificatives, à l'examen et à l'approbation de l'assemblée générale.

Le produit net sera employé :

a.) En premier lieu au paiement des intérêts et à l'amortissement des obligations émises ;

b.) Au paiement des intérêts des actions à 5 0/0 ;

c.) A l'amortissement du capital des actions.

ART. 50.

L'amortissement des actions sera effectué à partir du commencement de l'année 1868, et de manière à ce que la totalité des actions soit amortie pendant la durée de la concession.

ART. 51.

La désignation des actions à amortir aura lieu au moyen d'un tirage au sort qui se fera publiquement chaque année, à l'époque et suivant les formes déterminées par les Conseils d'administration.

Les numéros des actions sorties seront publiés conformément aux indications de l'art. 11.

ART. 52.

Les propriétaires des actions désignées par le tirage recevront, outre le capital effectivement versé, une action de jouissance au porteur qui, sauf l'intérêt à 5 0/0 sur le capital des actions, leur donnera sur l'excédant du produit net annuel un droit égal à celui des possesseurs d'actions non amorties.

ART. 53.

Le produit de chacun des groupes désignés dans l'article 28

de l'acte de concession du 23 septembre 1858, ainsi que de ceux constitués par la loi du 8 juillet 1860, après déduction des charges mentionnées à l'art. 49 et applicables à chaque groupe spécial, devra être employé, en premier lieu, au remboursement des avances qui auraient pu être faites en exécution de la clause de garantie stipulée dans l'acte de concession du 23 septembre 1858 ou par la loi du 8 juillet 1860.

ART. 54.

Il sera prélevé sur l'excédant du produit net, comme il résulte des indications des articles 49 et 53, une somme de 5 0/0 au moins, destinée à constituer un fonds de réserve.

ART. 55.

Quand la réserve aura atteint une somme de 10 millions de francs, le prélèvement dont il est parlé à l'article précédent pourra être suspendu; il reprendra son cours aussitôt que le fonds de réserve sera descendu au-dessous de ladite somme.

ART. 56.

Le fonds de réserve est destiné à couvrir les dépenses de toute nature qui ne peuvent pas être regardées comme de simples dépenses d'entretien, telles que celles pour augmentation de matériel, renouvellement des voies, reconstruction des ouvrages d'art.

ART. 57.

La somme restant disponible, déduction faite de tous les prélèvements indiqués dans les articles précédents, sera répartie également comme dividende entre les propriétaires des actions amorties ou non amorties.

ART. 58.

Le paiement des intérêts et des dividendes, le remboursement des actions amorties et la remise des actions de jouissance aura lieu aux caisses désignées à l'article 11.

ART. 59.

Les dividendes et les intérêts des actions qui n'auront pas été retirés dans le délai de cinq années, le capital des actions amorties, les titres de jouissance et les dépôts dont il est fait mention à l'article 13 et qui n'auront pas été réclamés dans le délai de trente ans, sont acquis à la Société.

TITRE V.

Contestations, surveillance.

ART. 60.

Toutes les contestations sur l'application et l'exécution des présents statuts et sur les obligations qui en dérivent pour les actionnaires, seront jugées par un tribunal arbitral.

ART. 61.

La procédure par arbitres sera réglée en Autriche d'après les prescriptions de l'acte de concession du 23 septembre 1858; et, dans les États de S. M. le roi Victor-Emmanuel, d'après les dispositions du cahier des charges annexé à la loi du 8 juillet 1860.

ART. 62.

Les gouvernements intéressés feront exercer par un ou plusieurs commissaires le droit de surveillance qui leur appartient.

Les commissaires auront le droit de prendre connaissance de la gestion des affaires de la Société autant qu'elles concernent les intérêts généraux et ceux spéciaux au réseau concédé sur le territoire du gouvernement respectif.

Ils auront à veiller à ce que la Société ne dépasse pas les limites de ses concessions, et à ce qu'elle observe exactement les conditions des statuts et les prescriptions portées par la loi et les règlements.

Le traitement du commissaire sera à la charge de la Compagnie; il sera fixé par le gouvernement jusqu'à concurrence d'une somme annuelle de 9,000 livres, qui sera versée par la Compagnie dans les caisses de l'État.

Dispositions temporaires.

ART. 63.

Par dérogation à l'art. 19, les administrateurs désignés à l'art. 64 pour constituer la première administration de la Société sont autorisés à négocier, au mieux des intérêts de la Société : 1° Un emprunt de 250 millions de francs applicable à l'achèvement et à la construction des lignes cédées, concédées ou annexées en vertu de l'acte de concession du 23 septembre 1858, et de la loi du 8 juillet 1860; 2° un emprunt spécialement applicable à la construction des lignes de l'Italie centrale dans les limites de la garantie stipulée par l'art. 2 de la convention annexée à la loi du 8 juillet 1860.

ART. 64.

Par dérogation à l'art. 34, le Conseil d'administration, pour les lignes situées dans les États de S. M. le roi Victor-Emmanuel, sera composé, pour la première fois, comme il suit :

MM. Pierre Paleocapa, président.
Charles D'Adda.
Marquis de Bevilacqua.
Enea Bignami.
Baron Vincent Bolmida.
Ch. Brot.
François Guglianetti.
Horace Landau.
Marquis Joachim-Napoléon Pepoli.
Comte Alexandre Porro.
François Restelli.
Marquis Emmanuel Roba Lucerna.
F. Bartholony.
E. Blount.
Duc de Galliera.
Baron de Langsdorff.
E. de la Rosière.
Baron James de Rothschild, président du Comité de Paris.
Baron Lionel de Rothschild.
E. Simons.

Art. 65.

Le tirage au sort prévu à l'art. 34, commencera à l'assemblée générale de 1864.

Turin, 26 janvier 1861.

Signé : Paulin Talabot.

DÉCRET ROYAL

APPROUVANT LES STATUTS CI-CONTRE :

Victor-Emmanuel II, etc.;

Vu l'article 5 de la convention du 25 juin 1860, relative aux chemins de fer de la Lombardie et de l'Italie centrale;

Vu l'article 1er de la loi du 30 juin 1853, et l'article 46 du Code de commerce;

Notre conseil d'État entendu;

Sur la proposition des ministres secrétaires d'État aux départements de l'agriculture, de l'industrie, du commerce et des travaux publics;

Avons décrété et décrétons ce qui suit :

Sont approuvés les statuts de la Société anonyme des chemins de fer du sud de l'Autriche et de la Vénétie, de la Lombardie et de l'Italie centrale, constituée par acte public passé par-devant Me Turvano, notaire à Turin, à la date du 26 janvier 1861.

Les ministres secrétaires d'État de l'agriculture, de l'industrie, du commerce et des travaux publics sont chargés de l'exécution du présent décret, qui sera enregistré à la Cour des comptes.

Turin, 27 janvier 1861.

VICTOR-EMMANUEL.

Contre-signé : CORSI, JACINI.

RÉSEAU AUTRICHIEN

CONVENTION

CONVENTION

PASSÉE

ENTRE LE MINISTÈRE DES FINANCES I. R.,

D'UNE PART,

ET LE CONSEIL D'ADMINISTRATION DE LA COMPAGNIE DU SUD,

D'AUTRE PART,

En suite de l'autorisation impériale en date du 26 septembre 1861.

Vu la nécessité d'apporter quelques modifications à l'acte de concession et au cahier des charges de la Compagnie du Sud, en conséquence du traité de Zurich par suite duquel une partie de la Lombardie a été cédée au gouvernement piémontais, et attendu que l'acte de concession a été interprété de diverses manières et que le règlement de ces questions est désirable, il a été convenu, de part et d'autre, ce qui suit :

ART. PREMIER.

Les dispositions du traité de Zurich concernant les lignes du chemin de fer Lombard sont également obligatoires pour la Compagnie I. R., des chemins de fer du Sud de l'État, du royaume Lombard-Vénitien et de l'Italie centrale, et cette Compagnie s'engage à se conformer à ces dispositions.

13

Art. 2.

La convention du 25 juin 1860, conclue par la Compagnie avec le gouvernement piémontais, au sujet des lignes du chemin de fer Lombard (se trouvantsur le territoire cédé, en vertu du traité de Zurich), est approuvée aux conditions de la présente convention.

Le gouvernement autrichien a également pris connaissance des négociations qui ont eu lieu entre la Compagnie ci-dessus désignée et le gouvernement sarde, au sujet des lignes de l'Italie centrale, et il envisage cette question uniquement comme un état de fait sous toute réserve de droit.

Art. 3.

Pendant la durée de l'état de choses actuel, et aussi longtemps que les chemins de fer de l'Italie centrale ne seront pas replacés dans la situation légale antérieure, la Compagnie renonce à toutes les prétentions qu'elle pourrait avoir le droit de faire valoir vis-à-vis du gouvernement autrichien, en vertu de l'acte de concession du 17 mars 1856, aussi bien que de la convention conclue à Rome le 1er mai 1851, concernant les chemins de l'Italie centrale. La Compagnie renonce notamment à la garantie du gouvernement autrichien contenue dans les §§ 18 à 21 et stipulant un revenu annuel fixe en faveur des lignes en question.

Art. 4.

Les garanties d'intérêts et d'amortissement dont le gouvernement autrichien s'est chargé par le § 33 de l'acte de concession du 14 mars 1856, et par le § 28 de l'acte de concession du 23 septembre 1858, ne s'étendront, à l'avenir, en ce qui concerne le réseau Lombard-Vénitien, désigné comme second groupe dans ledit acte de concession de 1858, que sur les lignes qui, d'après le traité de Zurich, sont restées sur le territoire autrichien.

Pour arriver à fixer le capital d'établissement des lignes en faveur desquelles les garanties d'intérêts et d'amortissement restent en vigueur, on répartira le prix d'achat fixé par le § 12 de l'acte de concession du 14 mars 1856 pour les lignes situées sur le territoire autrichien ainsi que pour celles situées sur le territoire piémontais, d'après la longueur respective des lignes des deux sections déjà en exploitation au 14 mars 1856.

ART. 5.

Les dispositions des §§ 14 et 15 de l'acte de concession du 14 mars 1856, ainsi que celles des §§ 16 et 17 de l'acte de concession du 23 septembre 1858, en vertu desquelles les produits excédant 7 0/0 de revenu net doivent être appliqués au paiement du solde du prix d'achat, ne demeureront applicables qu'aux lignes concédées à la Compagnie qui se trouvent sur le territoire autrichien (1).

ART. 6.

A toute époque, à partir du 1er janvier 1862, le gouvernement pourra requérir la Compagnie d'effectuer sa séparation en deux Compagnies distinctes et indépendantes, dont l'une représentera le réseau autrichien, et l'autre le réseau italien non autrichien : la Compagnie sera tenue d'effectuer cette séparation dans le délai d'un an à partir de la date de la réquisition qui lui sera adressée à cet effet. Il est entendu que les bases de cette séparation seront soumises à l'approbation du gouvernement autrichien.

---

(1) Aux termes des articles visés, c'est *la moitié* des produits excédant 7 0/0 de revenu net qui doit être appliquée au paiement du solde du prix d'achat.

ART. 7.

Jusqu'au partage de la Compagnie (prévu par l'art. 6) l'assemblée générale des actionnaires se réunira à Paris. Les décisions de cette assemblée générale de Paris seront communiquées au gouvernement autrichien, et seront d'ailleurs sujettes à son approbation dans la mesure des clauses contenues dans les statuts.

Jusqu'à ce que la Compagnie se soit ainsi séparée, le Conseil d'administration sera divisé en deux parties tout à fait indépendantes. L'un de ces deux Conseils sera chargé exclusivement de l'administration du réseau autrichien, et l'autre de l'administration du réseau lombard et de l'Italie centrale.

Chacune des deux parties du Conseil d'administration formera, pour son réseau respectif, un Conseil d'administration tout à fait indépendant, réunissant tous les pouvoirs nécessaires pour l'administration de son propre réseau.

ART. 8.

La Compagnie est tenue de soumettre à l'approbation du gouvernement autrichien les modifications à apporter aux statuts, en conséquence des dispositions ci-dessus.

ART. 9.

La Compagnie renonce pour l'avenir aux faveurs douanières qui lui ont été concédées par le § 33 de l'acte de concession du 23 septembre 1858 (soit par l'appendice B), ainsi que par le § 38 de l'acte de concession du 14 mars 1856, et par le décret impérial du 24 août 1856 (pour l'Orientbahn), touchant l'importation du matériel de construction et d'exploitation.

La faveur d'importation à droits d'entrée réduits de moitié reste toutefois, et par exception, encore garantie à la Compagnie pour les objets en grande partie déjà commandés à l'étranger, qui sont portés sur l'état ci-joint, et cela sous les conditions indiquées dans cet état.

ART 10.

La Compagnie s'engage à commencer aussitôt que possible les travaux du tracé de la ligne d'Inspruck-Botzen, et à terminer la construction de ladite ligne, de manière à ce qu'elle soit livrée à l'exploitation dans la première moitié de l'année 1866.

ART. 11.

En ce qui concerne la ligne de Kufstein jusqu'à la frontière austro-bavaroise, la Compagnie percevra, pendant la durée de la concession, à partir du 1er janvier 1861, le loyer dû par le gouvernement bavarois, d'après l'art. 41 (et art. 23 à 40) de la convention internationale du 21 juin 1851, pour l'usage en commun de la gare de Kufstein et l'exploitation de la section de la ligne de Kufstein à la frontière bavaroise. En conséquence, la Compagnie concessionnaire est tenue vis-à-vis du gouvernement bavarois de remplir toutes les obligations que le gouvernement autrichien a prises à l'égard de la gare de Kufstein et de la section de ligne susmentionnée entre Kufstein et la frontière. La Compagnie concessionnaire est d'ailleurs tenue en général de se conformer aux dispositions de la convention internationale, ainsi qu'à celles qui naîtront des négociations qui pourront avoir lieu ultérieurement ensuite de cette convention entre les gouvernements autrichien et bavarois au sujet de l'exploitation du chemin de fer du Tyrol.

La poursuite de l'application dudit traité international, vis-à-vis du gouvernement bavarois, demeure réservée au gouvernement autrichien, et la Compagnie aura, le cas échéant, à s'adresser à ce dernier pour ce sujet.

Art. 12.

Les paiements faits par la Compagnie pour compte de l'État, en vertu des §§ 7 et 8 de l'acte de concession et du procès-verbal spécial du 23 septembre 1858, ont été soumis à une liquidation. Si cette liquidation avait pour résultat d'établir que les paiements faits par la Compagnie pour l'État, et pouvant être portés à son compte en vertu du susdit procès-verbal spécial, n'atteignent point encore la somme de 10 millions de florins, valeur autrichienne, la Compagnie en remettrait immédiatement le solde, au comptant, à l'État. Si, par contre, il en résultait que les paiements ainsi faits pour compte de l'État par la Compagnie, dépassent la somme de 10 millions de florins, valeur autrichienne, l'État rembourserait cet excédant éventuel à la Compagnie dans le terme d'une année, mais sans bonification d'intérêts.

Dans l'un comme dans l'autre cas, c'est-à-dire soit que la Compagnie verse le solde qui pourrait encore manquer pour atteindre la somme de 10 millions de florins, soit que la liquidation établisse qu'elle a payé plus que les 10 millions de florins, la Compagnie sera libérée de tout paiement ultérieur pour compte de l'État, qui effectuera dès lors ces paiements lui-même.

L'État se chargera, en outre, dès la même époque, de la liquidation avec ses propres créanciers.

Les autres dispositions du susdit procès-verbal spécial du 23 septembre 1858, ayant rapport à la remise du versement échéant en 1866, restent en vigueur.

La décision sur la question de savoir comment les paiements sus-mentionnés, effectués partie en argent sonnant, partie en banknotes, doivent entrer en compte dans la présente liquidation, est réservée à une convention spéciale, et au verdict d'un arbitrage à former selon les §§ 60 et 62 de l'acte de concession, pour le cas où les parties ne parviendraient point à s'entendre.

ART. 13.

La Compagnie est autorisée à émettre ses actions, obligations et coupons non timbrés, et à payer directement les droits de timbre y afférents.

Mais, comme une partie de la valeur représentée par ses actions et obligations se trouve en pays étrangers, la Compagnie sera tenue seulement de payer à l'administration des finances les deux tiers des droits de timbre afférents aux actions, obligations et coupons à émettre jusqu'à l'époque de la séparation éventuelle (§ 6).

ART. 14.

La Compagnie est affranchie du paiement :

a.) Des dépenses non encore soldées des travaux de fortification à Kufstein ;

b.) Des droits de douane restant encore à payer pour les objet importés de l'étranger, avant le 1er novembre 1858, par l'administration de l'État, qui exploitait les lignes du Sud et du Tyrol nord.

c.) La Compagnie est autorisée, en outre, à introduire en franchise le vieux matériel de la voie qui se trouve sur les lignes Lombardes, spécifié dans l'état ci-joint.

En foi de quoi la présente Convention est faite en double expédition et exemptée des droits de timbre par autorisation impériale.

Vienne, le 20 novembre 1861

Signé : PLENER,
Ministre des Finances

Pour la Société I. R. privilégiée des Chemins de fer du Sud de l'Autriche, du Royaume Lombard-Vénitien et de l'Italie centraleet en vertu des pouvoirs donnés par l'assemblée générale du 30 avril 1861.

Signé : F. ZICHY. — G. DE LAPEYRIÈRE.

ANNEXE A.

ÉTAT des objets pour lesquels les faveurs douanières stipulées dans l'acte de concession du 23 septembre 1858 restent accordées à la Compagnie.

A. — Objets commandés à l'étranger et en partie introduits :

NUMÉROS.	OBJETS.	QUANTITÉS.	QUINTAUX douaniers.
1	Locomotives et tenders (Kessler) du poids de 800 quintaux..	20	16.000
2	Locomotives et tenders (France) du poids de 1000 quintaux.	2	2.000
3	Bandages en acier fondu pour 35 locomotives à construire en Autriche	210	1.336
4	Bandages divers en acier fondu pour locomotives.	»	6.000
5	Ressorts en acier fondu pour locomotives et tenders. . . .	»	1.000
6	Manivelles en acier fondu pour 20 locomotives	120	220
7	Viroles en acier pour locomotives	30,000	90
8	Voitures à voyageurs de 1re classe.	25	»
9	Voitures à voyageurs de 2e classe	40	»
10	Machines-outils pour ateliers et machines fixes à vapeur. . .	»	3.000
11	Moules en fonte pour fabrication des boîtes à graisse. . . .	»	26

B. — Objets non commandés, tels que : Voitures à voyageurs de 1re et de 2e classe, bandages et ressorts en acier fondu, machines-outils, en quantité telle que l'ensemble des demi-droits de douane ne dépasse pas 150,000 florins, à introduire après examen préalable des agents de l'État, et sous condition qu'il soit prouvé que la Compagnie ne peut, en temps utile, se procurer ces objets en Autriche, soit sous le rapport de la quantité, soit sous le rapport de la qualité, soit sans s'imposer une charge trop onéreuse.

ANNEXE B.

ÉTAT du vieux matériel de la voie des lignes Lombardes dont l'introduction en Vénétie est accordée en franchise.

NUMÉROS.	OBJETS	QUANTITÉS.	QUINTAUX douaniers.
1	Rails, contre-rails, aiguilles et rails mobiles.	12.000	43.200
2	Clous.	120.000	1.104
3	Plaques de jonction.	12.000	768
4	Plaques intermédiaires.	12.000	1.046
5	Éclisses.	24.000	1.296
6	Boulons.	48.000	316
7	Excentriques	50	70

STATUTS

DE LA

SOCIÉTÉ DES CHEMINS DE FER RÉUNIS

DU SUD DE L'AUTRICHE

DE LA LOMBARDIE ET DE L'ITALIE CENTRALE

(RÉSEAU AUTRICHIEN).

STATUTS

DE LA

SOCIÉTÉ DES CHEMINS DE FER RÉUNIS

DU SUD DE L'AUTRICHE

DE LA LOMBARDIE ET DE L'ITALIE CENTRALE.

TITRE Ier.

Objet, dénomination, siége et durée de la Société.

ARTICLE PREMIER.

La Société a pour objet :

a. La construction, l'achèvement et l'exploitation des chemins de fer cédés et concédés par l'acte de concession en date du 23 septembre 1858, pour ce qui concerne les lignes situées sur le territoire autrichien et pour celles situées dans les États de S. M. le roi Victor-Emmanuel, et dont la concession a été confirmée ou accordée par la loi du 8 juillet 1860 et par le cahier des charges annexé à ladite loi.

b. La construction et l'exploitation de tous autres chemins de fer qui, dans l'un ou l'autre État, pourraient être ultérieurement concédés ou cédés à la Société, pris à bail ou achetés par elle, avec l'autorisation du gouvernement respectif ; et spécialement de ceux pour lesquels l'acte de concession du 23 septembre 1858 et le cahier des charges annexé à la loi du 8 juillet 1860 lui confèrent un droit de préférence.

c. L'exécution des établissements, travaux et entreprises autorisés par les articles 2 et 38 de ladite concession et par les articles 1 et 25 dudit cahier des charges.

(*d*) Et, en général, l'exploitation de tous services de transports par terre et par eau qui pourraient, avec l'approbation du gouvernement, être établis en correspondance avec les chemins de fer appartenant à la Société, ou affermés par elle, sous réserve de tous priviléges et de toute concession déjà accordés à d'autres.

Art. 2.

La Société prend la dénomination de :

Société des chemins de fer du sud de l'Autriche pour les lignes situées dans les États de S. M. l'Empereur d'Autriche.

Elle prend la dénomination de :

Société des chemins de fer de la Lombardie et de l'Italie centrale, pour les lignes situées dans les États de S. M. le roi Victor-Emmanuel.

Elle prendra la dénomination de :

Société des chemins de fer du sud de l'Autriche, de la Lombardie et de l'Italie centrale, pour les actes d'intérêt général.

Art. 3.

Le terme de la Société est fixé au 31 décembre 1954.

ART, 4.

Le siége de la Société est à Vienne pour tout ce qui concerne les chemins de fer situés sur le territoire autrichien.

Il est dans la capitale de S. M. le roi Victor-Emmanuel pour les lignes situées dans ses États.

TITRE II.

Fonds social, actions.

ART. 5.

Le fonds social se compose de 375 millions de francs représentés par 750,000 actions de 500 francs chacune, soit 200 florins m. a. (argent), soit 20 livres sterling.

Ces actions sont libellées de manière à pouvoir être négociées en Autriche, en Allemagne, en Italie, en France et en Angleterre.

Les augmentations du fonds social, soit par la création d'actions nouvelles, soit par l'émission d'obligations, ne peuvent avoir lieu qu'avec l'autorisation de l'assemblée générale et l'approbation des gouvernements respectifs, ainsi qu'il est expliqué à l'article 19.

ART. 6.

Chaque action donne droit à une part égale dans la propriété sociale et dans les bénéfices de l'entreprise.

La possession d'une action emporte l'obligation de se soumettre aux engagements résultant des statuts.

Art. 7.

Les actionnaires, leurs héritiers ou ayants cause, ne peuvent prendre aucune mesure privative pour garantir leurs droits, ni demander aucune justification sur l'administration de la propriété sociale, si ce n'est dans les formes et les cas prévus aux statuts, ni s'immiscer dans l'administration de la Société, s'ils n'y sont appelés par les statuts.

Art. 8.

Les actions sont revêtues de la signature d'un des administrateurs et d'un employé de la Société délégué à cet effet.

Elles sont frappées du timbre de la Société et extraites d'un registre à souche.

Chaque action est pourvue de coupons, sur la présentation desquels seront payés les intérêts et dividendes.

Art. 9.

Les actions et coupons sont au porteur; la Société ne reconnaît d'autre propriétaire que le porteur des titres.

Le Conseil d'administration peut autoriser le dépôt des actions et obligations dans les caisses qu'il désigne à cet effet.

Le paiement des intérêts et dividendes pourra avoir lieu sur la présentation du certificat du dépôt.

Le Conseil pourra aussi, sur la demande des actionnaires, délivrer des actions nominatives.

Art. 10.

Chaque action ou obligation est indivisible; la Société ne reconnaît qu'un seul propriétaire pour chaque titre d'action ou d'obligation.

ART. 11.

Les versements sur les actions doivent avoir lieu en monnaie d'or ou d'argent, savoir : à Paris et en Italie, en francs; à Londres, en livres sterling; à Vienne, en monnaie autrichienne, d'après le cours authentique, sur Londres, du jour du versement, et dans les autres villes qui seront désignées par le Conseil d'administration, aux caisses et aux conditions que le Conseil d'administration fixera. Les versements seront constatés sur les certificats provisoires, qui ne seront échangés contre les actions définitives qu'après leur libération complète.

Tout versement appelé devra être annoncé au moins un mois avant l'époque fixée pour le paiement : à Vienne, Trieste, Venise, Turin, Milan, Florence, Bologne, par les gazettes officielles : à Paris, par le *Moniteur;* à Londres, par le *Times;* à Berlin, par la *Gazette officielle ;* à Francfort, par le *Journal de la direction des postes.*

Toute autre publication intéressant les actionnaires aura lieu par la voie des mêmes journaux.

ART. 12.

A défaut de versement aux époques fixées, la Société est autorisée à faire vendre les actions en retard d'effectuer le versement.

A cet effet, les numéros de ces actions seront publiés dans les journaux indiqués à l'article 11, avec indication des conséquences du retard.

Si, trente jours après cette publication, l'actionnaire retardataire n'a pas opéré le versement avec l'intérêt à 5 0/0 calculé d'après l'ensemble des jours de retard, la Société aura, mais alors seulement, le droit de faire procéder, sans autre mise en demeure et sans autre formalité judiciaire, à la vente des actions sur duplicata, soit en une fois, soit successivement, à la Bourse de Vienne, de Turin, de Paris et de Londres, à son choix, par le ministère d'un agent de change et pour le compte, aux frais, risques et périls des retardataires.

ART. 13.

Les titres des actions ainsi vendues seront nuls de plein droit, et il en sera délivré aux acquéreurs de nouveaux, portant les mêmes numéros que les titres annulés.

L'imputation du prix à provenir de la vente, après déduction des frais et intérêts, s'opérera en commençant par les versements non effectués.

L'excédant, s'il en existe, sera déposé dans la caisse de la Société et y sera tenu à la disposition de l'actionnaire exproprié.

ART. 14.

La négociation de toute action qui ne porte pas la mention régulière de tous les versements échus est nulle de plein droit.

ART. 15.

Les actionnaires ne sont engagés que jusqu'à concurrence du capital de leurs actions. Aucun versement supplémentaire ne peut être exigé d'un actionnaire sans son consentement préalable.

ART. 16.

En cas de perte, de vol ou de destruction d'un titre ou d'un coupon, l'annulation de ce titre ou de ce coupon sera poursuivie par l'ayant droit devant le tribunal respectif des villes où siége l'un ou l'autre des Conseils d'administration, et les publications relatives à l'annulation seront faites dans les feuilles officielles des capitales où siégent les deux Conseils.

TITRE III.

Administration de la Société.

ART. 17.

La Société est représentée :

a.) Par l'assemblée générale des actionnaires;

b.) Par les Conseils d'administration;

c.) Par les chefs de service dont il est question à l'article 46.

a.

Assemblée générale.

ART. 18.

L'assemblée générale, constituée conformément aux statuts, prononce sur toutes les affaires dont la décision lui est réservée exclusivement, ou qui lui sont soumises par les Conseils d'administration dans la forme réglée par l'article 37.

Les décisions prises dans les limites des lois générales et des statuts obligent tous les actionnaires.

ART. 19.

Sont exclusivement réservés à la décision de l'assemblée générale les objets suivants:

a.) La nomination des administrateurs, la confirmation de ceux élus conformément à l'article 35, et la fixation des indemnités à leur allouer;

b.) L'examen et l'approbation des comptes annuels;

c.) La fixation du dividende annuel;

d.) La décision sur l'acquisition, la concession, ou la prise à bail de nouvelles lignes;

e.) L'augmentation du fonds social par l'émission de nouvelles actions ou par voie d'emprunt;

f.) La séparation ou la dissolution de la Société avant l'expiration de la concession, ou la prolongation au delà de ce terme, et le mode suivant lequel la séparation, la dissolution ou la prolongation devront s'effectuer;

g.) La disposition du fonds de réserve, en cas de dissolution avant la fin ou au terme de la concession, comme aussi en cas de rachat, par l'un ou l'autre des deux gouvernements, après le terme de trente ans;

h.) Les modifications ou additions aux statuts.

L'approbation des gouvernements respectifs sera nécessaire pour l'exécution des décisions spécifiées aux lettres *d, e, f* et *h*

ART. 20.

L'assemblée générale se réunit chaque année avant le 31 mai, à Paris, jusqu'à ce que de nouvelles dispositions statutaires en ordonnent autrement.

Elle se réunit, en outre, toutes les fois que les Conseils d'administration en reconnaissent l'utilité.

ART. 21.

La convocation de l'assemblée générale appelée à se réunir à Paris aura lieu par les soins du Comité de Paris, trente jours au moins avant l'époque fixée pour la réunion. L'avis de convocation est inséré dans les journaux indiqués à l'article 11.

ART. 22.

Lorsque l'assemblée générale aura à délibérer sur des objets autres que ceux indiqués aux lettres *a*, *b*, *c*, article 19, la convocation devra indiquer ces objets expressément, et l'assemblée générale ne pourra délibérer valablement que sur les objets ainsi spécifiés dans la publication.

ART. 23.

L'assemblée générale se compose de tous les actionnaires propriétaires d'au moins quarante actions.

Ne pourront y assister que les actionnaires qui auront déposé leurs titres au plus tard quatorze jours avant la réunion, dans les caisses indiquées par les Conseils d'administration.

ART. 24.

Les actionnaires qui veulent prendre part aux délibérations doivent, ou assister en personne à l'assemblée ou s'y faire représenter par un autre actionnaire muni de pouvoirs écrits et ayant lui-même le droit d'assister à l'assemblée.

La forme de ces pouvoirs sera fixée lors de la convocation de l'assemblée générale.

Les représentants légaux de pupilles, de personnes sous curatelle, les chefs de communautés, d'établissements publics, de corporations propriétaires d'actions, peuvent seuls prendre part aux délibérations sans être eux-mêmes actionnaires.

ART. 25.

Les votes sont émis publiquement, à moins que vingt membres ne réclament le scrutin secret.

Les nominations se font par bulletin de vote, à moins de décision contraire de l'assemblée générale.

ART. 26.

La possession de quarante actions donne droit à une voix.

Le même actionnaire ne peut cependant réunir plus de dix voix en son nom personnel, ni plus de vingt voix, tant en son nom personnel que comme fondé de pouvoirs d'autres actionnaires ayant droit de vote.

ART. 27.

Les décisions de l'assemblée générale sont prises à la majorité absolue, dans tous les cas où les présents statuts n'en disposent pas autrement.

Elles ne sont valables que si l'assemblée compte au moins cinquante actionnaires présents, et si les actions représentées par eux représentent au moins le vingtième du fonds social en actions.

ART. 28.

Dans le cas où les conditions prescrites par l'article 27 pour la validité des décisions de l'assemblée ne seraient point remplies, il sera convoqué une nouvelle assemblée dont les décisions seront valables, quel que soit le nombre des actionnaires présents et des actions représentées par eux.

Les décisions à prendre dans cette seconde assemblée ne

pourront porter que sur les objets contenus dans l'ordre du jour de la première.

La convocation de la seconde assemblée sera faite dans la forme prescrite par l'article 21, avec l'indication que les décisions de la nouvelle assemblée seront prises sans égard au nombre des actionnaires présents et des actions qu'ils représentent.

Le délai entre la convocation et la réunion est réduit, dans ce cas, à vingt jours.

Art. 29.

Pour décider sur les objets spécifiés dans l'article 19 sous les lettres *d*, *e*, *f*, *h*, l'assemblée doit être composée d'au moins soixante actionnaires présents, possédant ou représentant au moins le cinquième du fonds social. Les décisions doivent être prises à la majorité des deux tiers des voix.

Dans le cas où, sur une première convocation, les actionnaires présents ne rempliraient pas les conditions imposées par le paragraphe qui précède pour la validité des opérations de l'assemblée générale, il sera procédé à une seconde convocation à trente jours d'intervalle au moins.

Les délibérations de l'assemblée générale réunie en vertu de cette deuxième convocation seront valables, pourvu que les actionnaires, présents au nombre de cinquante, représentent au moins le dixième des actions émises.

Dans le cas où, sur une seconde convocation, les actionnaires présents ne rempliraient pas les conditions imposées par le paragraphe précédent pour la validité des opérations de l'assemblée générale, il sera procédé à une troisième convocation d'après les dispositions de l'article 28, et les décisions prises dans cette assemblée seront valables, quel que soit le nombre des actionnaires et des actions qu'ils représentent.

ART. 30.

L'assemblée générale appelée à se réunir à Paris est présidée par le président du Comité de Paris, à défaut du président par le vice-président, et à défaut de ce dernier, par l'administrateur désigné par le Comité pour le remplacer.

Les fonctions de scrutateurs sont remplies par les deux plus forts actionnaires ; et, en cas de refus, par les deux qui viendront après jusqu'à acceptation.

ART. 31.

Les décisions de l'assemblée générale seront constatées dans un procès-verbal rédigé par le secrétaire et signé par le président, par les deux scrutateurs, par le secrétaire et par les commissaires des gouvernements intéressés.

Le rapport fait à l'assemblée et les décisions prises par elle seront imprimés et publiés.

b.

Conseils d'administration et Comité de Paris.

ART. 32.

La Société est administrée par deux Conseils d'administration indépendants, l'un pour les lignes situées dans les États de S. M. l'empereur d'Autriche, l'autre pour celles situées dans les États de S. M. le roi Victor-Emmanuel.

Les questions d'intérêt général sont réglées ainsi qu'il est dit à l'article 37.

ART. 33.

Le Conseil d'administration de chacun des deux réseaux se composera de vingt et un membres, savoir :

1° Treize membres domiciliés dans chacun des deux États dont dix au moins seront sujets desdits États ;

2° Huit membres résidant à Paris ou à Londres.

Les administrateurs résidant à Paris et à Londres forment un Comité chargé de veiller aux intérêts des actionnaires français et anglais, et de faire valoir ces intérêts dans les limites prescrites par les statuts.

ART. 34.

Les membres des Conseils d'administration sont nommés par l'assemblée générale.

Leurs fonctions durent cinq années.

Le remplacement s'opère par cinquième séparément pour chacun des Conseils, par un tirage au sort qui aura lieu à l'assemblée générale ordinaire. Le sort détermine celle des cinq années dans laquelle le renouvellement se fait par un nombre moindre.

Les membres sortants sont rééligibles.

Chaque administrateur doit être propriétaire de cent actions qui seront inaliénables pendant la durée de ses fonctions et qui seront déposées dans les caisses désignées article 11.

ART. 35.

Si un membre du Conseil cesse de remplir ses fonctions dans le cours d'une année, il sera pourvu à son remplacement provisoire par le Conseil auquel il appartient, en tenant compte des prescriptions insérées à l'article 34.

Ce choix sera soumis à l'approbation de la plus prochaine assemblée générale.

Les fonctions des administrateurs ainsi nommés ne dureront que le temps pendant lequel leurs prédécesseurs devaient rester encore en exercice.

ART. 36.

Chacun des deux Conseils, ainsi que le Comité de Paris, choisiront tous les deux ans un président et un vice-président.

A l'expiration de leurs fonctions, les présidents et les vice-présidents sont rééligibles.

En cas d'absence du président et du vice-président, le Conseil ou le Comité désigne l'un de ses membres pour présider.

ART. 37.

Lorsqu'il y aura lieu de délibérer sur l'une des questions énumérées à l'article 19 ou sur toute autre question à soumettre à la délibération de l'assemblée générale ou concernant les intérêts généraux de la Société, et spécialement sur l'établissement du budget général, la question sera d'abord soumise à la décision des deux Conseils.

En cas de désaccord entre eux, les questions seront décidées dans une réunion générale des deux Conseils convoqués à Paris par les soins du président du Comité, et qui se composera de cinq membres délégués à cet effet pour chaque Conseil et choisis par les administrateurs résidant et parmi eux, et de trois membres délégués par le Comité de Paris.

Chacun des Conseils peut, ainsi que le Comité, prendre l'initiative sur les affaires ainsi réservées et demander que les propositions soient soumises au mode de délibération prescrit par le paragraphe précédent.

ART. 38.

Les deux Conseils d'administration sont investis des pouvoirs les plus étendus pour la gestion des affaires de la Société dans les limites fixées pour chacun d'eux par les articles qui précèdent.

Ils agiront dans tous les cas à l'égard des affaires concernant leur réseau respectif comme pourrait le faire toute personne capable et maîtresse de ses droits.

Ils auront le droit de déléguer leurs propres pouvoirs à un ou à plusieurs de leurs membres ou à des employés de la Société, ou à toutes autres personnes. Ils donneront, dans ce cas, des pouvoirs spéciaux ou régleront les délégations par des ordres de service.

ART. 39.

Les actes concernant les transferts de rentes et d'effets publics, les actes d'acquisition, de vente et d'échange de propriétés immobilières, les transactions, marchés et autres actes engageant la Société, les acquits, les endossements ainsi que les traites et mandats sur les banquiers et sur tous les dépositaires de fonds de la Société, doivent être signés par deux administrateurs, à moins d'une délégation expresse à un seul administrateur ou à toute autre personne. Dans ce dernier cas la procuration donnée sera en forme légale et enregistrée.

ART. 40.

L'administration du réseau et des établissements y compris, confiée à chacun des Conseils, sera complétement indépendante et entièrement distincte dans les limites des attributions fixées par les présents statuts.

ART. 41.

Les administrateurs faisant partie d'un Conseil ou du Comité et qui ne résideraient pas à leur siége, pourront, lorsqu'ils n'assisteront pas aux séances, se faire représenter par un membre de leur Conseil ou du Comité, ou bien envoyer leur vote par écrit.

Un membre présent ne peut être fondé de pouvoirs que d'un seul de ses collègues absent.

ART. 42.

Les deux Conseils se réunissent, sur la convocation du président, au moins deux fois par mois et aussi souvent que l'intérêt de la Société l'exige.

Les décisions sont prises à la majorité absolue, et, en cas de partage, la voix du président est prépondérante.

La présence de cinq membres est nécessaire pour la validité des délibérations.

La présence de neuf membres est nécessaire pour que la réunion en Conseil général, dont il est question à l'article 37, puisse délibérer.

ART. 43.

Les membres de chaque Conseil sont convoqués pour toutes les séances, cinq jours au moins avant la réunion.

En cas d'urgence, la convocation peut être faite par le président à plus bref délai.

La convocation devra être faite dix jours d'avance lorsqu'il s'agira d'affaires importantes, ainsi que pour la réunion générale prévue à l'article 37.

Les procès-verbaux des séances des Conseils seront signés par le président, par un membre du Conseil et par le secrétaire.

ART. 44.

Sur le produit net de l'entier réseau, situé sur le territoire autrichien ou en dehors de ce territoire, déduction faite des charges énumérées à l'article 48, il sera prélevé 5 0/0 pour la rémunération des Conseils d'administration et des chefs de service.

Un tiers de ce prélèvement sera réparti entre les chefs de service des deux réseaux, dans la proportion des produits bruts, et distribué par chacun des Conseils d'administration entre les chefs de service.

Le surplus sera réparti, jusqu'au 1er janvier 1863, entre les administrateurs des deux Conseils d'administration, dans la proportion suivante :

Aux administrateurs résidant en Autriche, 45 0/0 ;

(*Réseau administré*, 2,300 *kilomètres.*)

Aux administrateurs résidant dans les États de S. M. le roi Victor-Emmanuel, 30 0/0 ;

(*Réseau administré*, 751 *kilomètres.*)

Aux administrateurs résidant à Paris ou à Londres, 25 0/0.

ART. 45.

Les administrateurs ne sont responsables des décisions et des actes du Conseil d'administration que dans la mesure fixée par la loi pour les mandataires.

c.

Chefs de service.

Art. 46.

Les chefs supérieurs de service sont chargés et sont responsables de l'exécution des décisions du Conseil et des détails de la gestion des affaires de la Société, dans les limites fixées par ces décisions.

Ils sont nommés et révoqués par le Conseil respectif, qui fixe leurs attributions et leurs traitements.

Les chefs de service assistent aux séances des Conseils avec voix consultative.

Ils ont sous leur direction tous les employés et agents et proposent aux Conseils leurs nomination, révocation, traitement et gratification.

TITRE IV.

Comptes annuels, intérêts, dividendes, fonds de réserve, amortissements.

Art. 47.

Les fonds provenant des versements sur les actions et des émissions d'obligations seront appliqués :

1° A l'acomplissement des engagements pour les sommes à payer conformément aux stipulations des actes de concession, en date du 14 mars 1856 et du 23 septembre 1858 ;

2° Aux frais de la construction et de la mise en exploitation des chemins de fer indiqués dans lesdits actes de concession et dans la convention annexée à la loi du 8 juillet 1860 ;

3° Au paiement des intérêts à 5 0/0 du capital engagé dans la construction de chaque ligne pendant la durée de la construction.

Art. 48.

Le bilan sera arrêté au 31 décembre de chaque année et soumis, avec les pièces justificatives, à l'examen et à l'approbation de l'assemblée générale.

Le produit net sera employé :

a. En premier lieu au paiement des intérêts et à l'amortissement des obligations émises ;

b. Au paiement des intérêts des actions à 5 0/0 ;

c. A l'amortissement du capital des actions.

Art. 49.

L'amortissement des actions sera effectué à partir du commencement de l'an 1868, et de manière que la totalité des actions soit amortie pendant la durée de la concession.

Art. 50.

La désignation des actions à amortir aura lieu au moyen d'un tirage au sort qui se fera publiquement chaque année à l'époque et suivant les formes déterminées par les Conseils d'administration.

Les numéros des actions sorties seront publiés conformément aux indications de l'article 11.

ART. 51.

Les propriétaires des actions désignées par le tirage recevront outre le capital effectivement versé, une action de jouissance au porteur qui, sauf l'intérêt à 5 0/0 sur le capital des actions, leur donnera sur l'excédant du produit net annuel un droit égal à celui des possesseurs d'actions non amorties.

ART. 52.

Le produit de chacun des groupes désignés dans l'art. 28 de l'acte de concession du 23 septembre 1858, ainsi que de ceux constitués par la loi du 8 juillet 1860, après déduction des charges mentionnées à l'article 48 et applicables à chaque groupe spécial, devra être employé en premier lieu au remboursement des avances qui auraient pu être faites en exécution de la clause de garantie stipulée dans l'acte de concession du 23 septembre 1858 ou par la loi du 8 juillet 1860.

ART. 53.

Il sera prélevé sur l'excédant du produit net, comme il résulte des indications des articles 48 et 52, une somme de 5 0/0 au moins, destinée à constituer un fonds de réserve.

ART. 54.

Quand la réserve aura atteint une somme de 10 millions de francs, le prélèvement pourra être suspendu; il reprendra son cours aussitôt que le fonds de réserve sera descendu audessous de ladite somme.

ART. 55.

Le fonds de réserve est destiné à couvrir les dépenses de toute nature qui ne peuvent pas être regardées comme de simples dépenses d'entretien, telles que celles pour augmentation de matériel, renouvellement des voies, reconstruction des ouvrages d'art.

ART. 56.

La somme restant disponible, déduction faite de tous les prélèvements indiqués dans les articles précédents, sera répartie également comme dividende entre les propriétaires des actions amorties ou non amorties.

ART. 57.

Le paiement des intérêts et des dividendes, le remboursement des actions amorties et la remise des actions de jouissance aura lieu aux caisses désignées à l'article 11.

ART. 58.

Les dividendes et les interêts des actions qui n'auront pas été retirés dans le délai de cinq années, le capital des actions amorties, les titres de jouissance et les dépôts dont il est parlé à l'article 13, qui n'auront pas été réclamés dans le délai de trente ans, sont acquis à la Société.

TITRE V.

Contestations, surveillance.

ART. 59.

Toutes les contestations entre les actionnaires et la Compagnie sur l'application et l'exécution des présents statuts et sur les obligations qui en dérivent pour les actionnaires, seront jugées par un tribunal arbitral.

ART. 60.

La procédure par arbitres sera réglée en Autriche d'après les prescriptions de l'acte de concession du 23 septembre 1858; et dans les États de S. M. le roi Victor-Emmanuel, d'après les dispositions du cahier des charges annexé à la loi du 8 juillet 1860.

ART. 61.

Les gouvernements intéressés feront exercer par un commissaire le droit de surveillance qui leur appartient.

Les commissaires auront le droit de prendre connaissance de la gestion des affaires de la Société autant qu'elle concerne les intérêts généraux et ceux spéciaux au réseau concédé sur le territoire du gouvernement respectif.

Ils auront à veiller à ce que la Société ne dépasse pas les limites de ses concessions et à ce qu'elle observe exactement les conditions des statuts et les prescriptions portées par les lois et règlements.

PRÉFÉRENCE A ACCORDER AUX ANCIENS MILITAIRES POUR LES EMPLOIS VACANTS.

ART. 62.

La Société est tenue, aux termes du décret impérial du 19 décembre 1853, d'accorder la préférence sur les autres postulants aux militaires sollicitant des emplois et aptes à les remplir.

Dispositions temporaires.

ART. 63.

Par dérogation à l'article 19, les Conseils d'administration désignés à l'article 36 pour constituer la première administration de la Société sont autorisés à négocier au mieux des intérêts de la Société :

1° Un emprunt de 250 millions de francs applicable à l'achèvement et à la construction des lignes cédées, concédées ou annexées, en vertu de l'acte de concession du 23 septembre 1858 et de la loi du 8 juillet 1860;

2° Un emprunt spécialement applicable à la construction des lignes de l'Italie centrale dans les limites de la garantie stipulée article 2 de la convention annexée à la loi du 8 juillet 1860.

ART. 63.

Par dérogation à l'article 34, les deux Conseils d'administration seront composés, pour la première fois, conformément au tableau suivant :

I. CONSEIL DE VIENNE.	II. CONSEIL DE TURIN.	III. COMITÉ DE PARIS.
MM.	MM.	MM.
Le chevalier DE BLUMFELD.	D'ADDA.	BARTHOLONY.
— DE BURG.	Le marquis DE BEVILACQUA.	BLOUNT (E.).
FORSBOOM BRENTANO.	BIGNAMI (E.)	Le duc DE GALLIERA.
GOLDSCHMIDT (M.).	Le baron BOLMIDA.	Le baron DE LANGSDORFF.
S. E. le baron DE MEYSENBUG.	BROT (Ch.).	DE LA ROSIÈRE.
Le comte MOCENIGO (A.).	GUGLIANETTI (F.).	Le baron DE ROTHSCHILD (J.).
Le chevalier DE MORPURGO.	LANDAU (H.).	Le baron DE ROTHSCHILD (L.).
— DE NEUWALL.	PALEOCAPA (P.).	SIMONS.
— DE NOY.	Le marquis PEPOLI.	
Le baron DE ROTHSCHILD (A).	PASINI (V.).	
WESTENHOLZ (F. L.).	Le comte PORRO (A.).	
WIENER (ED.).	RESTELLI (F.).	
S. E. le comte ZICHY.	Le marquis RORA LUCERNA.	

TABLE DES MATIÈRES

PARIS. — IMP. CENTRALE DES CHEMINS DE FER DE NAPOLÉON CHAIX ET Ce, RUE BERGÈRE, 20. — 2031.

www.ingramcontent.com/pod-product-compliance
Ingram Content Group UK Ltd.
Pitfield, Milton Keynes, MK11 3LW, UK
UKHW012232240726
13966UKWH00003B/1063